De Bondgenoten
van de
Mensheid

◆

BOEK EEN

De Bondgenoten *van de* Mensheid

❖

BOEK EEN

❖

EEN DRINGENDE BOODSCHAP
Over de Buitenaardse Aanwezigheid
in de wereld van vandaag

Marshall Vian Summers

AUTEUR VAN
STAPPEN NAAR KENNIS: Het Boek van Innerlijk Weten

DE BONDGENOTEN VAN DE MENSHEID BOEK EEN: Een Dringende Boodschap Over de Buitenaardse Aanwezigheid in de wereld van vandaag

Bewerking door Darlene Mitchell

Boek ontwerp door Argent Associates, Boulder, CO

Omslag ontwerp door Reed Novar Summers
"Voor mij, representeert de omslagfoto ons op aarde met de zwarte bol die de buitenaardse aanwezigheid in de wereld van vandaag symboliseert. En het licht daarachter laat ons deze onzichtbare aanwezigheid zien die wij anders niet konden zien. De ster die de aarde verlicht vertegenwoordigt de Bondgenoten van de Mensheid die ons een nieuwe boodschap en een nieuw perspectief geven op de relatie van de aarde met de Grotere Gemeenschap."

ISBN: 978-1-884238-45-1 *DE BONDGENOTEN VAN DE MENSHEID BOEK EEN: Een dringende Boodschap over de Buitenaardse aanwezigheid in de wereld van vandaag*

NKL POD / eBook Version 4.5

Library of Congress Control Number: 2001 130786

Dit is de tweede editie van *De Bondgenoten van de Mensheid Boek Een*.

Originele Editie in het Engels.

PUBLISHER'S CATALOGING-IN-PUBLICATION

Summers, Marshall,
    The allies of humanity book one : an urgent message about the
extraterrestrial presence in the world today / M.V. Summers
    p. cm.
    978-1-884238-45-1 (English print)   001.942
    978-1-884238-78-9 (Dutch print)
    978-1-884238-46-8 (English ebook)
    978-1-884238-79-6 (Dutch ebook)
                                    QB101-700606

De boeken van de New Knowledge Library zijn door De Society for The Greater Community Way of Knowledge gepubliceerd. De Society is een organisatie zonder winstbejag toegewijd aan de presentatie van De Weg van Kennis uit de Grotere Gemeenschap.

Om informatie te ontvangen over de audioopnamen, onderwijsprogramma's en diensten, kunt u De Society bezoeken op de internetpagina of schrijven naar:

THE SOCIETY FOR THE GREATER COMMUNITY WAY OF KNOWLEDGE
P.O. Box 1724   •   Boulder, CO 80306-1724   •   (303) 938-8401

society@newmessage.org
www.alliesofhumanity.org   www.newmessage.org

Opgedragen aan de grote vrijheidsbewegingen

In de geschiedenis van onze wereld —

Zowel bekend als onbekend

INHOUD

De vier fundamentele vragen over de buitenaardse aanwezigheid in de wereld vandaag:

Wat gebeurt er?

Waarom gebeurt het?

Wat betekent het?

Hoe kunnen we ons voorbereiden?

Het is zeer ongewoon een boek te vinden dat iemands leven verandert, maar het is buitengewoon om een werk te vinden dat de potentie heeft om de menselijke geschiedenis te beïnvloeden.

Bijna veertig jaar geleden, voordat er een milieubeweging was, schreef een moedige vrouw een zeer provocatief en controversieel boek dat de koers van de geschiedenis veranderde. Uit Rachel Carson's *Silent Spring* ontsproot een wereldwijd bewustzijn over de gevaren van milieuvervuiling en het zette activisten aan tot een reactie die tot op de dag van vandaag voortduurt. Als een van de eersten die publiekelijk verklaarde dat het gebruik van pesticiden en giftige chemische stoffen een gevaar voor alle leven was, werd Carson in eerste instantie bespot en zwart gemaakt, zelfs door veel van haar collega's, maar uiteindelijk beschouwd als een van de meest belangrijke stemmen van de 20ste eeuw. *Silent Spring* wordt over het algemeen nog steeds als de hoeksteen van milieukunde beschouwd.

Vandaag, voordat er een wijd verspreid publiek bewustzijn is over het voortdurend buitenaardse binnendringen in ons midden, treedt een even moedig man naar voren – een voorheen verborgen spirituele leraar – met een buitengewoon verontrustend bericht van buiten onze planetaire sfeer. Met *De Bondgenoten van de Mensheid*, is Marshall Vian Summers de eerste spirituele leider van onze tijd die ondubbelzinnig verklaart dat de ongevraagde aanwezigheid en clandestiene acties van onze buitenaardse "bezoekers" een grote bedreiging vormen voor de menselijke vrijheid.

Terwijl Summers in eerste instantie, net als Carson, zeker te maken zal krijgen met hoon en minachting, zou hij uiteindelijk erkend kunnen worden als een van 's werelds belangrijkste stemmen op het gebied van buitenaardse intelligentie, menselijke spiritualiteit en evolutie van het bewustzijn. Evenzeer, zou *De Bondgenoten van de Mensheid* cruciaal kunnen blijken voor het veiligstellen van de toekomst van onze soort – door ons niet alleen bewust te maken van de diepgaande uitdagingen van een stille buitenaardse invasie, maar ook door het ontbranden van een ongekende beweging van verzet en zelfbekrachtiging.

Hoewel de omstandigheden van de herkomst van dit hard binnenkomende controversiële materiaal voor sommigen problematisch kunnen zijn, vereisen het perspectief dat het biedt en de dringende boodschap die het duidelijk maakt onze grootste aandacht en resolute reactie. Hier worden we op zeer aannemelijke wijze geconfronteerd met de bewering dat de toenemende verschijning van UFO's en andere aanverwante fenomenen symptomatisch zijn voor niets minder dan een subtiele en tot op heden niet gehinderde interventie door buitenaardse krachten die de aardse grondstoffen volledig ten eigen voordele proberen te exploiteren.

Hoe kunnen we op de juiste manier reageren op zo'n verontrustende en buitensporige bewering? Zullen we het ontkennen of meteen afwijzen, zoals velen deden die Carson kleineerden? Of zullen we het onderzoeken en proberen te begrijpen wat hier precies geboden wordt?

Als we er voor kiezen om het te onderzoeken en te begrijpen, zullen we het volgende vinden: een grondige revisie van wereldwijd onderzoek gedurende de laatste decennia naar UFO activiteiten en andere klaarblijkelijk buitenaardse fenomenen (b.v. buitenaardse ontvoeringen en implantaten, dier-verminkingen en zelfs psychologische "bezetenheid") levert overvloedig bewijs op voor de visie van de Bondgenoten; inderdaad verheldert de informatie in de teksten van de Bondgenoten op ongelofelijke wijze kwesties die onderzoekers al jaren bezig houden, en verduidelijkt veel mysterieus maar aanhoudend bewijs.

Als we eenmaal deze zaken onderzocht en onszelf overtuigd hebben dat de Bondgenoten boodschap niet alleen aannemelijk is, maar ook overduidelijk, wat dan? Onze overwegingen zullen onvermijdelijk naar de onontkoombare conclusie leiden dat onze hachelijke situatie van vandaag diepgaande parallellen met de inval van de Europese "beschaving" in Amerika in het begin van 15e eeuw vertoont, toen inheemse volkeren niet in staat waren de complexiteit en het gevaar van de machten die hun kusten bezochten te begrijpen en er adequaat op te reageren. De "bezoekers" kwamen in naam van God, waarbij ze indrukwekkende technologie tentoonspreidden met de ogenschijnlijke bedoeling een geavanceerde en geciviliseerde manier van leven aan te bieden. (Het is belangrijk om op te merken dat de

Europese indringers niet "in slecht" waren, maar alleen opportunistisch, in hun kielzog een spoor van onbedoelde verwoesting achterlatend).

Hier gaat het om: de radicale en grootschalige schending van fundamentele vrijheden die de indianen nadien ondervonden – inclusief de snelle decimering van hun bevolking – is niet alleen een monumentale menselijke tragedie, maar ook een belangrijke les voor onze huidige situatie. Deze keer zijn wij allemaal de autochtone bevolking van deze ene wereld en tenzij wij collectief een meer creatieve en gezamenlijke reactie op kunnen roepen, zullen we misschien eenzelfde lot ondergaan. Dit is precies de bewustwording die De Bondgenoten van de Mensheid wil bespoedigen.

Echter, dit is een boek dat levens kan veranderen, omdat het een diepe innerlijke roeping activeert die ons herinnert aan ons huidige levensdoel in de menselijke geschiedenis en ons oog in oog brengt met ons lot, en niets minder. Hier worden we geconfronteerd met het meest ongemakkelijke besef van allemaal: de hele toekomst van de mensheid zou wel eens af kunnen hangen van hoe wij reageren op deze boodschap.

Hoewel *De Bondgenoten van de Mensheid* een diepgaand waarschuwend karakter heeft, zet zij niet aan tot angst of doemdenken. In plaats daarvan biedt de boodschap buiten-gewone hoop in wat nu een zeer gevaarlijke en moeilijke situatie is. De voor de hand liggende bedoeling is om de menselijke vrijheid in stand te houden en te versterken en een individuele en collectieve reactie te ontketenen op de buitenaardse inmenging.

Toepasselijkerwijs identificeerde Rachel Carson zelf op een profetische manier het exacte probleem dat ons vermogen om op de huidige crisis te reageren belemmert: "We zijn nog steeds niet volwassen genoeg" zei ze, "om ons zelf te zien als slechts een erg klein deeltje van een uitgestrekt en ongelofelijk universum". Het is duidelijk dat we al lang een nieuw begrijp van onszelf nodig hebben, van onze plaats in de kosmos, en van het leven in de Grotere Gemeenschap (het grotere fysieke en spirituele universum waarin we nu opkomen). Gelukkig dient *De Bondgenoten van de Mensheid* als een poort naar het verassend solide geheel van spirituele lessen en oefeningen dat belooft de vereiste meerderheid van de soort in te prenten met een perspectief dat niet aarde gebonden noch antropocentrisch is, maar in plaats daarvan verankerd is in oudere, diepere en meer universele tradities.

Uiteindelijk stelt de boodschap van *De Bondgenoten van de Mensheid* nagenoeg al onze fundamentele ideeën over de werkelijkheid op de proef, en tegelijkertijd geeft zij ons de grootste kans op vooruitgang en onze grootste uitdaging tot overleven. Terwijl de huidige crisis onze zelfbeschikking als soort bedreigt, zou zij ook kunnen zorgen voor een broodnodig fundament waarop eenheid voor het menselijk ras gebaseerd kan worden – een schier onmogelijke zaak zonder deze grotere context. Met het perspectief dat geleverd wordt in *De Bondgenoten van de Mensheid* en de grotere verzameling van leringen gepresenteerd door Summers, wordt ons zowel de noodzaak als de inspiratie gegeven om ons te verenigen in een dieper inzicht teneinde de verdere evolutie van de mensheid te dienen.

◆

In zijn recensieverslag voor Time Magazine over de 100 meest invloedrijke stemmen van de 20e eeuw, schreef Peter Mattheisen over Rachel Carson, "Voordat er een milieubeweging was, was er een moedige vrouw en haar erg moedige boek." Over een aantal jaren kunnen we misschien iets soortgelijks zeggen over Marshall Vian Summers: Voordat er een menselijke vrijheidsbeweging was om de buitenaardse Interventie te weerstaan, was er een dappere man met zijn erg dappere boodschap, De Bondgenoten van de Mensheid. Moge deze keer onze reactie sneller, meer resoluut en meer gezamenlijk zijn.

—Michael Brownlee
Journalist

De Bondgenoten van de Mensheid wordt aangeboden om mensen voor te bereiden op een geheel nieuwe realiteit die voor het grootste deel verborgen is en niet herkend wordt in de wereld van vandaag de dag. Het voorziet in een nieuw perspectief dat mensen in staat stelt om de grootste uitdaging en mogelijkheid onder ogen te zien waarmee wij als ras ooit geconfronteerd zijn. De Bondgenoten Briefings bevatten een aantal kritische, zo niet alarmerende verklaringen over de toenemende buitenaardse inmenging in en integratie met het menselijk ras alsook de buitenaardse activiteiten en hun verborgen agenda. Het doel van De Bondgenoten Briefings is niet het leveren van hard bewijs over de realiteit van het ET bezoek aan onze wereld, hetgeen reeds uitgebreid gedocumenteerd is in vele andere goede boeken en onderzoek publicaties over het onderwerp. Het doel van de Bondgenoten Briefings is het verwijzen naar de dramatische en verreikende implicaties van dit fenomeen, het uitdagen van onze menselijke neigingen en aannames hierover en het alarmeren van de menselijke familie over deze grote drempel waar we nu voor staan. De Briefings geven een kijkje in de realiteit van intelligent leven in het universum en wat Contact echt betekent. Voor veel lezers, zal datgene wat onthuld wordt in *De Bondgenoten van de Mensheid* volledig nieuw zijn. Voor anderen zal het een bevestiging zijn van zaken die zij al lang gevoeld en geweten hebben.

Alhoewel dit boek een dringende boodschap bevat, gaat het ook over een bewegen naar een hoger bewustzijn genaamd "Kennis", hetgeen een grotere telepathische vaardigheid onder mensen en tussen rassen omvat. In dit licht werden de Bondgenoten Briefings doorgegeven aan de auteur door een multiraciale buitenaardse groep individuen die zichzelf de "Bondgenoten van de Mensheid" noemen. Ze beschrijven zichzelf als fysieke wezens van andere werelden die samengekomen zijn in ons zonnestelsel nabij de Aarde met als doel het observeren van de communicaties en activiteiten van die buitenaardse rassen die zich hier in de wereld inmengen in menselijke aangelegenheden. Ze benadrukken dat zij zelf niet fysiek aanwezig zijn in onze wereld en dat ze de benodigde wijsheid leveren, niet technologie of bemoeienis.

De Bondgenoten Briefings werden gedurende een periode van een jaar doorgegeven aan de auteur. Ze bieden perspectief en visie over een complex onderwerp dat, ondanks decennia van ophopend bewijs, onderzoekers blijft verbijsteren. Echter dit perspectief is niet romantisch, speculatief of idealistisch in haar benadering van dit onderwerp. Integendeel, het is botweg realistisch en onbuigzaam tot op het punt waar het behoorlijk uitdagend kan zijn, zelfs voor de lezer die goed onderlegd is in dit onderwerp.

Daarom, om datgene wat dit boek te bieden heeft te kunnen ontvangen, moet je op zijn minst voor een moment, veel van je meningen, veronderstellingen en vragen uitstellen, die je zou kunnen hebben over buitenaards Contact en zelfs over de manier waarop dit boek werd ontvangen. De inhoud van dit boek is, als een bericht in een fles, hier naar toegestuurd van buiten deze wereld. Dus zouden we ons niet druk moeten maken over de fles, maar over de boodschap zelf.

Om deze uitdagende boodschap werkelijk te begrijpen, moeten we veel van de heersende veronderstellingen en neigingen betreffende de mogelijkheid en realiteit van contact, onder ogen zien en in twijfel trekken. Dit zijn:

- Ontkenning;
- Hoopvolle verwachting;
- Bewijzen verkeerd interpreteren teneinde onze overtuigingen te bevestigen;
- Verlossing verlangen en verwachten van de "bezoekers";
- Geloven dat ET technologie ons zal redden;
- Hopeloos en onderdanig voelen aan wat wij veronderstellen een superieure macht te zijn;
- Duidelijkheid van de regering eisen, maar geen onthulling van ET's;
- Menselijke leiders en instituten veroordelen maar ondertussen een onbetwiste acceptatie van de "bezoekers" in stand houden;
- Veronderstellen dat ze hier wel zullen zijn voor onze bestwil, omdat ze ons niet aangevallen hebben of binnengevallen zijn; Veronderstellen dat geavanceerde

technologie gelijk staat aan gevorderde ethiek en
spiritualiteit;

– Geloven dat dit fenomeen een mysterie is, terwijl het in
feite een te begrijpen gebeurtenis is;

– Geloven dat ET's op een of andere manier aanspraak
kunnen maken op de mensheid en deze planeet;

– En geloven dat de mensheid hopeloos verloren is en
het niet alleen kan klaren.

De Briefings van de Bondgenoten stellen zulke veronderstellingen en neigingen op de proef en ontzenuwen veel mythen
die we op dit moment hebben over wie ons bezoeken en waarom
ze hier zijn.

De Briefings van de Bondgenoten van de Mensheid geven
ons een breder perspectief en een dieper begrip van ons lot
binnen een groter panorama van intelligent leven in het
Universum. Om dit te bewerkstelligen spreken de Bondgenoten
niet tot ons analytisch intellect, maar tot Kennis, het dieper deel
van ons wezen, waar de waarheid, hoezeer versluierd ook, direct
onderscheiden en ervaren kan worden.

De Bondgenoten van de Mensheid Boek Een zal veel vragen
oproepen, die verder onderzoek en contemplatie vereisen. Haar
focus is niet om namen, data en plaatsen te leveren, maar om
een perspectief te leveren voor de ET aanwezigheid in de wereld
en voor het leven in het Universum, dat wij als mensen anders
niet konden hebben. Omdat we nog steeds geïsoleerd op het
aardoppervlak leven, kunnen we niet zien en weten wat er
gebeurt met betrekking tot intelligent leven voorbij onze grenzen.
Hiervoor hebben we hulp nodig, hulp van zeer buitengewone

aard. Wij kunnen misschien zulke hulp in eerste instantie niet herkennen of accepteren. Ze is echter hier.

Het door de Bondgenoten aangegeven doel is ons te waarschuwen voor het risico van opkomen in een Grotere Gemeenschap van intelligent leven en ons te helpen om succesvol over deze grote drempel heen te komen, op zo'n manier dat de menselijke vrijheid, soevereiniteit en zelfbeschikking behouden kunnen worden. De Bondgenoten zijn hier om ons te adviseren in de noodzaak voor de mensheid om onze eigen "Regels voor Interactie" op te stellen in deze ongekende tijden. Volgens de Bondgenoten, zullen we dan, als we wijs, voorbereid en verenigd zijn, in staat zijn onze voorbestemde plaats als een volwassen en vrij ras in de Grotere Gemeenschap in te nemen.

◆

Gedurende de tijd dat deze serie briefings plaats vond, herhaalden de Bondgenoten bepaalde sleutelideeën waarvan zij voelden dat ze essentieel voor ons begrip waren. We hebben deze herhalingen in het boek gehandhaafd om het oogmerk en integriteit van hun communicatie te behouden. Vanwege de urgente aard van de Bondgenoten boodschap en vanwege de krachten in de wereld die deze boodschap tegen zouden kunnen werken ligt er wijsheid en noodzaak in deze herhalingen besloten.

Op de publicatie van *De Bondgenoten van de Mensheid Boek Een* in 2001 volgde een tweede set briefings om hun cruciale boodschap aan de mensheid te voltooien. *De Bondgenoten van de Mensheid Boek Twee*, gepubliceerd in 2005, leverde verrassende nieuwe informatie op over de interactie tussen rassen in ons lokale deel van het Universum en over de aard, het doel en de meestal verborgen activiteiten van die rassen die zich inmengen in de menselijke aangelegenheden. Dankzij die lezers die de urgentie van de Bondgenoten boodschap voelden, en de Briefings vertaalden in andere talen, is er een toenemend wereldwijd bewustzijn van de realiteit van de Interventie.

Wij van de New Knowledge Library vinden dat deze twee sets van Briefings misschien wel de meest belangrijke boodschappen bevatten die vandaag de dag aan de wereld medegedeeld worden. De Bondgenoten van de Mensheid is niet zomaar weer een boek dat speculeert over het UFO/ET fenomeen. Het is een zuivere, transformerende boodschap direct gericht op het onderliggend doel van de buitenaardse Interventie, teneinde het bewustzijn te vergroten dat we nodig zullen hebben om de uitdagingen en kansen die voor ons liggen onder ogen te zien.

—NEW KNOWLEDGE LIBRARY

Wie zijn
De Bondgenoten van de Mensheid?

De Bondgenoten dienen de mensheid omdat zij overal in de Grotere Gemeenschap herstel en uiting van Kennis dienen. Zij vertegenwoordigen de Wijzen in vele werelden die het hogere doel van het leven ondersteunen. Samen delen zij een grotere Kennis en Wijsheid die overgedragen kunnen worden over onmetelijke afstanden in de ruimte en over alle grenzen van ras, cultuur, temperament en milieu heen. Hun Wijsheid is alomtegenwoordig. Hun kunde is groot. Hun aanwezigheid is verborgen. Zij herkennen jullie omdat zij zich realiseren dat jullie een opkomend ras zijn, opkomend in een zeer moeilijke en concurrerende omgeving in de Grotere Gemeenschap.

◆

SPIRITUALITEIT UIT DE GROTERE GEMEENSCHAP
Hoofdstuk 15: Wie Dient de Mensheid?

...Meer dan twintig jaar geleden, verzamelde een groep individuen uit verschillende werelden zich op een onopvallende plek binnen ons zonnestelsel, dichtbij de Aarde, met als doel de buitenaardse inmenging die hier plaatsvindt te observeren. Vanuit hun geheime waarnemingspost waren zij in staat de identiteit, de organisatie en de intenties van hen die onze wereld bezoeken vast te stellen, en de activiteiten van de bezoekers in de gaten te houden.

Deze groep waarnemers noemt zich "De Bondgenoten van de Mensheid".

Dit is hun rapport.

De Briefings

◆

De Buitenaardse Aanwezigheid in de wereld van vandaag

Het is ons een grote eer dat wij de mogelijkheid hebben om deze informatie te presenteren aan ieder van jullie die zo fortuinlijk is om deze boodschap te horen. Wij zijn de Bondgenoten van de Mensheid. Deze transmissie wordt mogelijk gemaakt door de aanwezigheid van de Ongezienen, de spirituele adviseurs die de ontwikkeling van intelligent leven in zowel jullie wereld alsook de grotere Gemeenschap van werelden overzien.

Wij communiceren niet via enig mechanisch apparaat, maar via een spiritueel kanaal dat vrij is van verstoring. Hoewel we in fysieke omstandigheden leven, net als jullie, hebben wij het voorrecht gekregen om op deze manier te communiceren, teneinde de informatie af te leveren die wij met jullie moeten delen.

Wij zijn een kleine groep die de gebeurtenissen van jullie wereld observeert. Wij komen uit de Grotere Gemeenschap. Wij bemoeien ons niet met menselijke aangelegenheden. Wij hebben geen domicilie hier. Wij zijn gestuurd voor een zeer specifiek doel – het gadeslaan van de gebeurtenissen die plaatsvinden in jullie wereld en, voor zover het mogelijk is om dit te doen, met jullie te communiceren over wat wij zien en wat wij weten. Want jullie leven op het oppervlak van jullie wereld en kunnen niet zien wat eromheen gebeurt. Noch kunnen jullie helder het bezoek zien dat op dit moment in jullie wereld plaatsvindt of wat dit beduid voor jullie toekomst.

Wij willen hierover graag een getuigenis afleggen. Wij doen dit op verzoek van de Ongezienen, want we zijn voor dit doel gestuurd. De informatie die wij jullie gaan geven is misschien erg confronterend en verbijsterend. Misschien komt het onverwacht voor velen die deze boodschap zullen horen. Wij begrijpen dit probleem, want wij werden binnen onze eigen culturen ook hiermee geconfronteerd.

Als je de informatie hoort, kan het in eerste instantie moeilijk te accepteren zijn, maar zij is van vitaal belang voor iedereen die een bijdrage wil leveren in de wereld.

Gedurende vele jaren hebben we de gebeurtenissen van jullie wereld geobserveerd. Wij zoeken geen relatie met de mensheid. Wij zijn hier niet op een diplomatieke missie. Wij zijn door de Ongezienen gestuurd om in de nabijheid van jullie wereld te leven teneinde de gebeurtenissen te observeren die wij zo meteen gaan beschrijven.

Onze namen zijn niet belangrijk. Zij zouden geen betekenis hebben voor jullie. En we zullen ze voor onze eigen veiligheid niet onthullen, want we moeten verborgen blijven om te kunnen dienen.

Om te beginnen is het noodzakelijk voor mensen van waar dan ook, om te begrijpen dat de mensheid op dit moment opkomt in een Grotere Gemeenschap van intelligent leven. Jullie wereld wordt "bezocht" door meerdere buitenaardse rassen en door een aantal verschillende organisaties van rassen. Dit is reeds een tijdje druk aan de gang. Er hebben bezoeken plaatsgevonden gedurende de hele menselijke geschiedenis, maar niets van deze omvang. De komst van kernwapens en de vernietiging van jullie natuur hebben deze mogendheden naar jullie kusten gebracht.

Wij begrijpen dat er tegenwoordig veel mensen in de wereld zijn, die zich beginnen te realiseren dat dit gebeurt. En we begrijpen eveneens dat er veel interpretaties van dit bezoek zijn – wat het zou kunnen betekenen en wat het te bieden heeft. En veel mensen die zich van deze zaken bewust zijn, zijn erg hoopvol en verwachten een groot voordeel voor de mensheid. Wij begrijpen dit. Het is normaal om dit te verwachten. Het is normaal om hoopvol te zijn.

Het bezoek in jullie wereld op dit moment is zeer uitgebreid, zo zeer dat mensen in alle delen van de wereld hiervan getuige zijn en de effecten hiervan direct ervaren. Wat deze "bezoekers" van de Grotere Gemeenschap, deze verschillende organisaties van wezens, hier gebracht heeft is niet het bevorderen van de vooruitgang of het spiritueel onderricht van de mensheid. Wat deze mogendheden in zulke getale met zo'n intensiteit naar jullie kusten heeft gebracht zijn de grondstoffen van jullie wereld.

Dit, begrijpen wij, kan in het begin moeilijk te accepteren zijn, omdat jullie nu nog niet op waarde kunnen schatten hoe prachtig jullie wereld is, hoe rijk zij is en welk een zeldzaam juweel zij is in een Grotere Gemeenschap van kale werelden en lege ruimte. Werelden zoals die van jullie zijn werkelijk zeldzaam. De meeste plaatsen in de Grotere Gemeenschap die nu bewoond zijn werden gekoloniseerd en technologie heeft dit mogelijk gemaakt. Maar werelden zoals die van jullie, waar het leven natuurlijk geëvolueerd is, zonder de hulp van technologie, zijn veel zeldzamer dan jullie je realiseren. Anderen valt dit duidelijk op, natuurlijk, want de biologische hulpbronnen van jullie wereld zijn millennia door verschillende rassen gebruikt. Sommige zien haar als een opslagplaats. Maar toch hebben de ontwikkeling van de menselijke cultuur en van gevaarlijke wapens en het afnemen van deze grondstoffen de buitenaardse Interventie veroorzaakt.

Misschien vraag je je af waarom geen diplomatieke inspanningen zijn geleverd om contact te maken met de leiders van de mensheid. Het is logisch om dit te vragen, maar het probleem hier is dat er niemand is om de mensheid te vertegenwoordigen, want jullie mensen zijn verdeeld, en jullie naties zijn tegen elkaar gekant. Bovendien veronderstellen de bezoekers waar wij het over hebben, dat jullie oorlogsgezind en agressief zijn en dat jullie onrecht en vijandigheid naar het universum om jullie heen zouden brengen, ondanks jullie goede kwaliteiten.

Daarom willen wij jullie in onze verhandeling een idee geven van wat er gebeurt, wat dit betekent voor de mensheid en op welke manier het is gerelateerd aan jullie spirituele ontwikkeling, jullie sociale ontwikkeling en jullie toekomst in de Wereld en in de Grotere Gemeenschap van werelden zelf.

Mensen zijn zich niet bewust van de aanwezigheid van buitenaardse krachten, niet bewust van de aanwezigheid van grondstofzoekers, van hen die een pact met de mensheid aan willen gaan in hun eigen voordeel. Misschien moeten we hier beginnen met jullie een idee te geven van hoe het leven is voorbij jullie kusten, want jullie hebben nog niet ver gereisd en kunnen zelf geen rekenschap geven van deze zaken.

Jullie leven in een deel van de Melkweg dat behoorlijk bevolkt is. Niet alle delen van de Melkweg zijn zo dicht bevolkt. Grote regio's zijn niet verkend. Er zijn veel verborgen rassen. Transacties en handel tussen werelden vinden alleen plaats in bepaalde gebieden. De omgeving waarbinnen jullie zullen opkomen is sterk concurrerend van aard. De behoefte aan grondstoffen wordt overal gevoeld en veel technologische samenlevingen hebben de natuurlijke grondstoffen van hun wereld opgebruikt en moeten handel drijven, ruilen en reizen om te verkrijgen wat ze nodig hebben. Het is een erg gecompliceerde situatie. Veel bondgenootschapen worden gevormd en conflicten komen voor.

Misschien is het nodig dat jullie je op dit punt realiseren dat de Grotere Gemeenschap waarin jullie opkomen een moeilijke en uitdagende omgeving is en toch brengt het grote kansen en grote mogelijkheden voor de mensheid met zich mee. Maar om deze mogelijkheden en deze voordelen te realiseren, moet de mensheid zich voorbereiden en beginnen te leren hoe het leven in het universum is. En ze moet beginnen te begrijpen wat spiritualiteit binnen een Grotere Gemeenschap van intelligent leven betekent.

We begrijpen vanuit onze eigen geschiedenis dat dit de grootste barrière is waar een wereld mee geconfronteerd kan worden. Het is echter niet iets dat je zelf kan plannen. Dit is niet iets dat je kan uitdenken voor je eigen toekomst. Want precies die krachten die de realiteit van de Grotere Gemeenschap hier zouden brengen zijn reeds aanwezig in de wereld. Het zijn de omstandigheden die ze hier hebben gebracht. Ze zijn hier.

Misschien geeft dat jullie een idee van hoe het leven voorbij jullie grenzen is. We willen geen beeld creëren dat angst oproept, maar het is nodig voor jullie eigen welzijn en voor jullie toekomst, dat jullie een eerlijke inschatting kunnen maken en deze zaken helder voor de geest krijgen.

De noodzaak om jullie voor te bereiden op het leven in de Grotere Gemeenschap, voelen wij, is de grootste noodzaak in jullie wereld op dit moment. En toch, vanuit onze observatie, zijn mensen volledig in beslag genomen door hun eigen zaken en hun eigen problemen in het dagelijks leven, onbewust van de grotere machten die hun bestemming zullen veranderen en hun toekomst zullen beïnvloeden.

De mogendheden en groepen die vandaag de dag hier zijn vertegenwoordigen verschillende bondgenootschappen. Deze verschillende bondgenootschappen zijn niet verenigd in hun inspanningen. Elk bondgenootschap vertegenwoordigt een aantal verschillende groepen van rassen die samenwerken om toegang te krijgen tot de hulpbronnen van jullie wereld en deze toegang veilig te stellen. Deze verschillende bondgenootschappen concurreren in principe met elkaar alhoewel ze niet in oorlog met elkaar zijn. Ze zien jullie wereld als een grote prijs, iets dat ze voor henzelf willen hebben.

Dit vormt een zeer grote uitdaging voor jullie mensen, want de machten die jullie wereld bezoeken beschikken niet alleen over geavanceerde technologie, maar hebben ook een sterke sociale cohesie en zijn in staat om gedachten in de Mentale Omgeving te beïnvloeden. Jullie moeten weten dat in de Grotere Gemeenschap technologie gemakkelijk verkrijgbaar is, en is dus de grote winst tussen die concurrerende gemeenschappen de mogelijkheid om gedachten te beïnvloeden. Dit heeft zeer hoog ontwikkelde vormen aangenomen. Het is een set vaardigheden die de mensheid nu pas begint te ontdekken.

Als gevolg hiervan komen jullie bezoekers niet zwaar bewapend of met legers of met armada's van voertuigen. Ze komen in relatief kleine groepen , maar zijn behoorlijk vaardig in het beïnvloeden van mensen. Dit is een verfijnder en volwassener gebruik van macht in de Grotere Gemeenschap. Het is deze vaardigheid die de mensheid in de toekomst zal moeten aanleren als het succesvol wil omgaan met andere rassen.

De bezoekers zijn hier om loyaliteit van de mensheid te verkrijgen. Ze willen menselijke vestigingen of menselijke aanwezigheid niet vernietigen. In plaats daarvan willen ze deze gebruiken in hun eigen voordeel. Hun bedoeling is te werk stellen, niet vernietigen. Ze vinden dat ze hiertoe het recht hebben omdat ze geloven dat ze de wereld aan het redden zijn. Sommigen geloven zelfs dat ze de mensheid van zichzelf redden. Maar deze zienswijze dient niet jullie grotere belang, noch moedigt zij wijsheid of zelfbestemming aan binnen de menselijke familie.

Maar omdat er in de Grotere Gemeenschap van Werelden krachten ten goede zijn, hebben jullie bondgenoten. Wij vertegenwoordigen de stem van jullie bondgenoten, de Bondgenoten van de Mensheid. Wij zijn niet hier om jullie hulpbronnen te gebruiken of jullie bezittingen af te nemen. Wij zijn er niet op uit om de mensheid tot een satellietstaat, of tot een kolonie voor ons eigen gebruik te maken. In plaats daarvan wensen wij kracht en wijsheid te bevorderen binnen de mensheid, aangezien wij dit in de hele Grotere Gemeenschap ondersteunen.

Onze rol is dus nogal noodzakelijk, en onze informatie is zeer nodig, omdat op dit moment zelfs de mensen die bewust zijn van de aanwezigheid van de bezoekers zich nog niet bewust zijn van hun bedoelingen. Mensen begrijpen de methoden van de bezoekers niet. En ze begrijpen de ethiek of moraal van de bezoekers niet. Mensen denken dat de bezoekers ofwel engelen ofwel monsters zijn. Maar in werkelijkheid lijken ze in hun behoeftes erg veel op jullie. Als jullie de wereld door hun ogen konden zien, zouden jullie hun bewustzijn en hun motivatie begrijpen. Maar om dat te doen, zouden jullie je voorbij jullie wereld moeten wagen.

De bezoekers zijn betrokken bij vier fundamentele activiteiten teneinde invloed te verkrijgen binnen jullie wereld. Elk van deze activiteiten is uniek, maar worden alle gezamenlijk gecoördineerd. Ze worden uitgevoerd omdat de mensheid lange tijd bestudeerd is. Menselijke denken, menselijk gedrag, menselijke psychologie en menselijke religie worden al een tijdje bestudeerd. Deze worden goed begrepen door jullie bezoekers en zullen voor hun eigen doeleinden gebruikt worden.

Het eerste gebied van activiteit van de bezoekers is om individuen in machtsposities en overheidsinstanties te beïnvloeden. Omdat de bezoekers niets willen vernietigen in de wereld of schade willen berokkenen aan de hulpbronnen van deze wereld, proberen ze invloed te krijgen op diegenen waarvan zij merken dat dezen in machtsposities verkeren, hoofdzakelijk binnen de regeringen of religies. Zij zoeken contact, maar slechts met bepaalde individuen. Ze hebben de macht om dit contact tot stand te brengen en ze hebben de overredingskracht. Niet iedereen waar ze contact mee maken zal overreed worden, maar velen wel. De belofte van meer macht, meer technologie en wereldheerschappij zal veel individuen intrigeren en aanspreken. En met deze individuen zullen de bezoekers een bondgenootschap willen aangaan.

Er zijn maar weinigen binnen de regeringen van de wereld op deze manier beïnvloed , maar hun aantal groeit. De bezoekers snappen de hiërarchie van de macht, omdat zij zelf hierin leven, hun eigen commandostructuur volgend zou je kunnen zeggen. Zij zijn strak georganiseerd en erg gefocust in hun activiteiten, en het idee van culturen vol met vrijdenkende individuen is hen grotendeels onbekend. Ze vatten of begrijpen individuele vrijheid niet. Ze zijn hetzelfde als veel technologisch geavanceerde samenlevingen in de Grotere Gemeenschap die zowel in hun eigen werelden als binnen hun vestigingen over grote afstanden in de ruimte kunnen functioneren, waarbij ze gebruik maken van een zeer stevig ingestelde en starre vorm van regering en organisatie. Ze geloven dat de mensheid chaotisch en onhandelbaar is en zij hebben het idee dat zij orde brengen in een situatie die ze zelf niet kunnen begrijpen. Individuele vrijheid kennen ze niet en ze zien de waarde er niet van in. Als gevolg hiervan zal dat wat ze in de wereld willen instellen, deze vrijheid niet eren.

Hun eerste activiteitengebied is op grond daarvan een samenwerking opzetten met individuen in invloedrijke- en machtsposities, teneinde hun loyaliteit te winnen en hen te overtuigen van de voordelige aspecten van relaties en gemeenschappelijk doel.

Het tweede activiteitengebied, wat misschien het meest moeilijk te overdenken is vanuit jullie perspectief, is het manipuleren van religieuze waarden en impulsen. De bezoekers begrijpen dat de grootste talenten van de mensheid ook haar grootste zwakheden vormen. Het verlangen van de mensen naar individuele verlossing vertegenwoordigt een van de waardevolste eigenschappen die de mensheid heeft te bieden, zelfs binnen de Grotere Gemeenschap. Maar het is ook jullie zwakte. En het zijn deze impulsen en deze waarden die gebruikt zullen worden.

Verschillende groepen van de bezoekers willen zichzelf vestigen als spirituele vertegenwoordigers omdat ze weten hoe ze moeten spreken in de Mentale Omgeving. Ze kunnen direct met mensen communiceren en helaas wordt de situatie dan erg moeilijk, omdat er maar heel weinig mensen in de wereld zijn die onderscheid kunnen maken tussen een spirituele stem en de stem van de bezoekers.

Daarom is het tweede activiteitengebied het winnen van loyaliteit van mensen via hun religieuze en spirituele motivaties. Eigenlijk kan dit tamelijk gemakkelijk gedaan worden omdat de mensheid nog niet goed of niet ontwikkeld is in de Mentale Omgeving. Het is moeilijk voor mensen om te onderscheiden waar deze impulsen vandaan komen. Veel mensen willen zich geven aan alles waarvan zij denken dat het een grotere stem en grotere macht heeft. Jullie bezoekers kunnen afbeeldingen projecteren – afbeeldingen van jullie heiligen, of jullie leraren, of Engelen – afbeeldingen die als waardevol en heilig gezien worden binnen jullie wereld. Ze hebben deze vaardigheid gecultiveerd door vele, vele eeuwen van pogingen om elkaar te beïnvloeden en door methodes van overreding te leren die beoefend worden op veel plaatsen binnen de Grotere Gemeenschap. Ze beschouwen jullie als primitief en dus denken ze dat ze deze invloed kunnen uitoefenen en deze methoden op jullie kunnen toepassen.

Op dit terrein wordt geprobeerd contact te leggen met die individuen die beschouwd worden als gevoelig, ontvankelijk en met een natuurlijke neiging tot samenwerken. Veel mensen zullen geselecteerd worden, maar slechts enkelen zullen gekozen worden, gebaseerd op deze specifieke eigenschappen. Jullie bezoekers zullen proberen loyaliteit te verkrijgen van deze individuen, en hun vertrouwen en hun toewijding te winnen, en ze zullen deze individuen vertellen dat de bezoekers hier zijn om de mensheid spiritueel te verheffen, om de mensheid nieuwe hoop, nieuwe zegen en nieuwe kracht te geven – en ze beloven inderdaad die zaken waar mensen zo vurig naar verlangen, maar die ze nog niet gevonden hebben. Misschien vragen jullie je af "Hoe kan zoiets nu gebeuren?". Maar wij kunnen jullie verzekeren dat dit niet moeilijk is als je eenmaal deze vaardigheden en vermogens hebt geleerd.

Het doel is dus om mensen volgzaam te maken en om te scholen door spirituele overreding. Dit "Pacificatie Programma" wordt op verschillende manieren gebruikt bij verschillende religieuze groeperingen, afhankelijk van hun ideeën en temperament. Het is altijd gericht op ontvankelijke individuen. Zo hopen ze dat mensen hun onderscheidingsvermogen verliezen en volledig gaan vertrouwen op de grotere macht die ze denken te krijgen van de bezoekers. Als deze loyaliteit eenmaal vaststaat, wordt het steeds moeilijker voor mensen om datgene wat ze van binnenuit weten te onderscheiden van wat hen verteld wordt. Het is een zeer subtiele maar erg indringende vorm van overreding en manipulatie. We zullen hier later meer over vertellen.

Laten we nu spreken over het derde gebied van activiteiten, dat bestaat uit het verankeren van de aanwezigheid van de "bezoekers" in de wereld en mensen te laten wennen aan deze aanwezigheid. Ze willen de mensheid laten wennen aan deze enorme verandering die in jullie midden plaatsvindt – om jullie te laten wennen aan de fysieke aanwezigheid van de "bezoekers" en aan hun effect op jullie eigen Mentale Omgeving. Om dit doel te dienen zullen zij hier vestigingen creëren, hoewel buiten het zicht. Deze vestigingen zullen verborgen zijn, maar zij zullen zeer krachtig zijn in het uitoefenen van invloed op de menselijke bevolking in de directe omgeving. De bezoekers zullen er zorg voor dragen en genoeg tijd nemen om er zeker van te zijn dat deze vestigingen effectief zijn en dat genoeg mensen loyaal naar hen zijn. Het zijn deze mensen die de aanwezigheid van de bezoekers zullen bewaken en beschermen.

Dit is precies wat er op dit moment in jullie wereld gebeurt. Het is een grote uitdaging en jammer genoeg ook een groot risico. Precies hetzelfde is al zo vaak op zoveel plaatsen in de Grotere Gemeenschap gebeurd. En opkomende rassen zoals die van jullie zijn altijd het meest kwetsbaar. Sommige opkomende rassen zijn in staat om hun eigen bewustzijn, kunde en samenwerking zodanig te realiseren dat invloeden van buitenaf, zoals deze, kunnen worden geneutraliseerd en zij hun aanwezigheid en positie binnen de Grotere Gemeenschap kunnen verankeren. Maar veel rassen komen, nog voordat ze deze vrijheid bereiken, onder controle en invloed van vreemde mogendheden.

We begrijpen dat deze informatie behoorlijk wat angst en misschien ontkenning of verwarring kan oproepen. Maar tijdens het observeren van gebeurtenissen realiseren wij ons dat er erg weinig mensen zijn die op de hoogte zijn van de situatie zoals die feitelijk is. Zelfs die mensen die zich bewust worden van de aanwezigheid van buitenaardse mogendheden bevinden zich niet in een positie en hebben niet het uitzichtspunt van waaruit ze de situatie helder kunnen zien. En steeds hoopvol en optimistisch proberen zij dit grote verschijnsel een zo positief mogelijke betekenis toe te kennen.

Echter de Grotere Gemeenschap is een concurrerende omgeving, een moeilijke omgeving. Zij die zich bezig houden met ruimtereizen vertegenwoordigen niet noodzakelijkerwijs de spiritueel ontwikkelden, want diegenen die spiritueel ontwikkeld zijn proberen zich af te schermen van de Grotere Gemeenschap. Zij zijn niet op zoek naar handel. Ze proberen andere rassen niet te beïnvloeden, of zich in te laten met ingewikkelde verhoudingen die aangegaan worden voor wederzijdse handel en voordeel. In plaats daarvan proberen de spiritueel ontwikkelden verborgen te blijven. Dit is mogelijk een totaal andere opvatting, maar een noodzakelijk begrip voor jullie teneinde het grote dilemma waarmee de mensheid geconfronteerd wordt te begrijpen. Echter dit dilemma bevat grote kansen. Hierover willen wij nu graag praten.

Ondanks de ernst van de situatie die wij beschrijven hebben wij niet het idee dat deze omstandigheden een tragedie vormen voor de mensheid. Inderdaad, als deze omstandigheden herkend en begrepen kunnen worden, en als de voorbereiding voor de Grotere Gemeenschap, die nu in de wereld aanwezig is, gebruikt, bestudeerd en toegepast kan worden, zullen mensen met een goed geweten overal de mogelijkheid hebben om Kennis en Wijsheid van de Grotere Gemeenschap te leren. Bijgevolg zullen mensen overal in staat zijn de basis voor samenwerking te vinden, zodat de menselijke familie eindelijk een eendracht kan bewerkstelligen die hier nooit eerder is bereikt. Want er is een overschaduwing door de Grotere Gemeenschap nodig om de mensheid te verenigen. En deze overschaduwing vindt op dit moment plaats.

Het is jullie evolutie dat jullie moeten opkomen in een Grotere Gemeenschap van intelligent leven. Het zal gebeuren, of jullie voorbereid zijn of niet. Het moet gebeuren. Voorbereiding, dan, wordt de sleutel. Begrijpen en helderheid – dit zijn de dingen die op dit moment noodzakelijk en nodig zijn in de wereld.

Over de hele wereld vind je mensen met spirituele gaven die hen in staat stellen om helder te zien en te weten. Deze gaven zijn nu nodig. Ze moeten herkend, gebruikt en vrijelijk gedeeld worden. Het is niet louter aan een groot leraar of groot heilige in de wereld om dit te doen. Het moet nu door veel meer mensen gecultiveerd worden. Want de situatie brengt noodzakelijkheid met zich mee, en als de noodzaak omarmd kan worden, brengt dat grote mogelijkheden met zich mee.

Echter, de behoefte om over de Grotere Gemeenschap te leren en om te beginnen met het ervaren van de Spiritualiteit van de Grotere Gemeenschap zijn enorm. Nooit eerder hebben mensen zulke dingen moeten leren in zo'n korte tijdsspanne. Inderdaad, zelden zijn zulke zaken ooit eerder geleerd door iemand in jullie wereld. Maar de behoefte is nu veranderd. De omstandigheden zijn anders. Nu zijn er nieuwe invloeden in jullie midden, invloeden die jullie kunnen voelen en die jullie kunnen weten.

De bezoekers trachten het mensen onmogelijk te maken om deze visie en deze Kennis in henzelf te hebben, want jullie bezoekers hebben het niet in henzelf. Ze zien haar waarde niet. Ze begrijpen haar realiteit niet. Hierin is de mensheid als geheel verder ontwikkeld dan zij. Maar dit is slechts een potentieel, een potentieel dat nu gecultiveerd moet worden.

De buitenaardse aanwezigheid in de wereld wordt groter. Zij neemt iedere dag, ieder jaar toe. Veel mensen raken in haar ban, en verliezen hun vermogen om te weten, raken verward en afgeleid, en gaan geloven in zaken die hen alleen maar verzwakken en machteloos maken ten opzichte van degenen die hen proberen te gebruiken voor hun eigen doeleinden.

De mensheid is een opkomend ras. Zij is kwetsbaar. Zij staat nu tegenover een aantal omstandigheden en invloeden die zij nooit eerder onder ogen heeft moeten zien. Jullie hebben je alleen maar ontwikkeld om met elkaar te wedijveren. Jullie hebben nooit moeten wedijveren met andere vormen van intelligent leven. Echter, het is deze competitie die jullie zal sterken en jullie beste eigenschappen zal oproepen als de situatie helder gezien en begrepen kan worden.

Het is de rol van de Ongezienen om deze kracht te voeden. De Ongezienen, die jullie correct engelen zouden noemen, spreken niet alleen tot het menselijke hart maar overal tot harten die in staat zijn te luisteren en die de vrijheid hebben verworven om te luisteren.

We komen dan, met een moeilijke boodschap, maar wel een boodschap van belofte en hoop. Misschien is het niet de boodschap die mensen willen horen. Het is zeker niet de boodschap die de bezoekers zouden propageren. Het is een boodschap die gedeeld kan worden van persoon tot persoon en zij zal gedeeld worden omdat het normaal is om dat te doen. Echter de bezoekers en diegenen die in hun ban zijn geraakt zullen zo'n bewustzijn tegenwerken. Zij willen geen onafhankelijke mensheid zien. Dat is niet hun doel. Zij geloven zelf niet dat het heilzaam is. Daarom is het ons oprecht verlangen dat zonder angst en beven over deze ideeën nagedacht wordt, maar met een serieuze instelling en een diepe betrokkenheid die hier gerechtvaardigd zijn.

Er zijn op dit moment veel mensen in de wereld, zoals wij begrijpen, die voelen dat er een grote verandering op komst is voor de mensheid. De Ongezienen hebben ons deze zaken verteld. Dit gevoel van verandering wordt aan veel oorzaken toegeschreven. En veel gevolgen worden voorspeld. Maar tenzij jullie de realiteit kunnen beginnen te begrijpen dat de mensheid opkomt in een Grotere Gemeenschap van intelligent leven, hebben jullie nog niet de juiste context om de bestemming van de mensheid of de grote verandering die plaatsvindt in de wereld te begrijpen.

Vanuit ons perspectief gezien worden mensen in hun tijd geboren om die tijd te dienen. Dit is een les in Spiritualiteit van de Grotere Gemeenschap, een onderricht waarin wij eveneens studenten zijn. Het onderwijst vrijheid en de kracht van een gemeenschappelijk doel. Het kent gezag toe aan het individu en aan het individu dat zich met anderen kan verenigen. – ideeën die in de Grotere Gemeenschap zelden geaccepteerd en overgenomen worden, want de Grotere Gemeenschap is geen hemels rijk. Het is een fysieke realiteit met de hardheid van overleven en alles wat dat met zich meebrengt. Alle wezens in deze realiteit hebben te kampen met deze noodzakelijkheden en kwesties. En hierin lijken jullie bezoekers meer op jullie dan jullie je realiseren. Ze zijn niet ondoorgrondelijk. Zij willen graag ondoorgrondelijk zijn, maar ze kunnen begrepen worden. Jullie hebben de macht om dit te doen, maar jullie moeten kijken met een heldere blik. Je moet met een grotere visie kijken en met een grotere intelligentie weten, en je hebt de kans om dat in jezelf te cultiveren.

We moeten nu meer over het tweede gebied van beïnvloeding en overreding vertellen want dit is uiterst belangrijk en het is ons oprecht verlangen dat jullie deze zaken zullen begrijpen en in overweging nemen.

De religies in de wereld zijn de sleutel tot menselijke toewijding en menselijke loyaliteit, meer dan regeringen, meer dan enig ander instituut. Dit pleit voor de mensheid want dit soort religies zijn vaak moeilijk te vinden in de Grotere Gemeenschap. Jullie wereld is in die zin rijk, maar jullie kracht is tevens jullie zwakte en kwetsbaarheid. Veel mensen willen door de hemel geleid en bevestigd worden, de teugels van hun eigen leven overgeven en door een grotere spirituele macht geleid, geadviseerd en behoed worden. Dit is een oprecht verlangen, maar binnen de context van een Grotere Gemeenschap, moet behoorlijk wat wijsheid gecultiveerd worden zodat het verlangen vervuld kan worden. Wij vinden het erg verdrietig om te zien hoe gemakkelijk mensen het gezag over zichzelf weggeven – iets wat ze niet eens volledig gehad hebben, dat geven ze gewillig weg aan hen die onbekend voor ze zijn.

Deze boodschap is bestemd voor mensen met een grotere spirituele affiniteit. Daarom is het noodzakelijk dat we uitweiden over dit onderwerp. Wij bepleiten een spiritualiteit die onderwezen wordt in de Grotere Gemeenschap, niet de spiritualiteit die bepaald wordt door naties, regeringen of politieke coalities, maar een natuurlijke spiritualiteit – het vermogen om te weten, te zien en te handelen. En toch wordt hier niet de nadruk op gelegd door jullie bezoekers. Ze proberen mensen te laten geloven dat de bezoekers hun familie zijn, dat de bezoekers hun thuis zijn, dat de bezoekers hun broers en zusters zijn, hun moeders en vaders. Veel mensen willen geloven en dus geloven ze. Mensen willen hun persoonlijke gezag opgeven en dus geven ze het op. Mensen willen vrienden en redding zien in de bezoekers en dus is dit wat ze te zien krijgen.

Er is een behoorlijke dosis nuchterheid en objectiviteit voor nodig om door deze misleidingen en deze moeilijkheden heen te kijken. Dit zal nodig zijn voor als de mensheid succesvol op wil komen in de Grotere Gemeenschap en haar vrijheid en haar zelfbeschikking wil behouden in een omgeving met sterkere invloeden en grotere machten. Op deze manier zou jullie wereld overgenomen kunnen worden zonder een schot te lossen, want geweld wordt gezien als primitief en onbehouwen en wordt zelden gebruikt bij dit soort kwesties.

Je zou je af kunnen vragen, " Betekent dit dat er een invasie van onze wereld plaatsvindt?" Wij moeten zeggen dat het antwoord hierop "ja" is, een invasie van een heel subtiele aard. Als je deze gedachten kan verdragen en er serieus over na kan denken, zal je deze zaken zelf kunnen inzien. Het bewijs voor deze invasie vind je overal. Je kunt zien hoe menselijke talent te niet gedaan wordt door het verlangen naar geluk, vrede en veiligheid, hoe het begrip van mensen en hun vermogen om te weten belemmerd worden door invloeden zelfs binnen hun eigen culturen. Hoeveel groter zullen deze invloeden dan wel niet zijn binnen de leefwereld van de Grotere Gemeenschap.

Dit is de moeilijke boodschap die wij moeten voorleggen. Dit is de boodschap die gegeven moet worden, de waarheid die uitgesproken moet worden, de waarheid die van wezenlijk belang is en niet kan wachten. Het is zo noodzakelijk voor mensen om op dit moment een grotere Kennis, een grotere wijsheid en een grotere spiritualiteit te verwerven zodat ze eventueel hun ware vermogens mogen vinden en in staat zijn om deze effectief te gebruiken.

Jullie vrijheid staat op het spel. De toekomst van jullie wereld staat op het spel. Het is hierom dat wij hiernaartoe gestuurd zijn om in naam van de Bondgenoten van de Mensheid te spreken. Er zijn diegenen in het universum die Kennis en Wijsheid levend houden en die de Spiritualiteit van de Grotere Gemeenschap beoefenen. Zij reizen niet overal heen om andere werelden te beïnvloeden. Zij nemen geen mensen tegen hun wil mee. Zij stelen jullie dieren en jullie planten niet. Zij oefenen geen invloed uit op jullie regeringen. Zij proberen niet te fokken met de mensheid teneinde hier een nieuw leiderschap te creëren. Jullie bondgenoten bemoeien zich niet met menselijke aangelegenheden. Zij manipuleren de menselijk bestemming niet. Zij kijken toe vanaf een afstand en ze sturen afgezanten zoals wijzelf, met een groot risico voor ons, om advies en bemoediging te geven en om zaken te verduidelijken wanneer dat nodig mocht blijken. Wij komen daarom in vrede met een essentiële boodschap.

Nu moeten wij praten over het vierde gebied waarin jullie bezoekers zich willen vestigen en dat is middels het kweken van hybriden. Ze kunnen niet in jullie milieu leven. Ze hebben jullie fysieke weerstandsvermogen nodig. Zij hebben jullie natuurlijke affiniteit met de wereld nodig. Zij hebben jullie vermogen tot voortplanting nodig. Zij willen ook een band met jullie scheppen want ze begrijpen dat dit loyaliteit schept. Op een bepaalde manier bevestigt dit hun aanwezigheid hier, omdat de nakomelingen van zo'n programma bloedverwanten in de wereld zullen hebben maar tegelijkertijd loyaal zullen zijn naar de bezoekers. Misschien lijkt het ongeloofwaardig, maar het is de werkelijkheid.

De bezoekers zijn hier niet om jullie voortplantingsvermogen van jullie af te pakken. Zij zijn hier om zichzelf te vestigen. Zij willen dat de mensheid in hen gelooft en hen dient. Zij willen dat de mensheid voor hen werkt. Ze zullen alles beloven, alles aanbieden en alles doen om dit doel te bereiken. Maar hoewel hun overtuigingskracht groot is, is hun aantal gering. Maar hun invloed wordt sterker en hun kruisingsprogramma, dat al een aantal generaties onderweg is, zal ten slotte doeltreffend zijn. Er zullen mensen komen met een grotere intelligentie, die echter niet de mensheid vertegenwoordigen. Zulke zaken zijn mogelijk en zijn talloze keren gebeurd in de Grotere Gemeenschap. Jullie hoeven alleen maar naar jullie eigen geschiedenis te kijken om de invloed van culturen en rassen op elkaar te zien, en om te zien hoe dominerend en invloedrijk deze interacties kunnen zijn.

Dus brengen we belangrijk nieuws met ons mee, ernstig nieuws. Maar je moet moed vatten, want dit is geen tijd voor ambivalentie. Dit is geen tijd om een uitvlucht te zoeken. Dit is geen tijd om je bezig te houden met je eigen geluk. Dit is een tijd om een bijdrage aan de wereld te leveren, om de menselijke familie te sterken en om die natuurlijke vermogens op te roepen die in mensen aanwezig zijn – het vermogen om te zien, te weten en te handelen in harmonie met elkaar. Deze vermogens kunnen tegenwicht bieden aan de invloed die op de mensheid wordt uitgeoefend op dit moment, maar deze vermogens moeten groeien en gedeeld worden. Dit is uiterst belangrijk.

Dit is ons advies. Onze bedoelingen zijn goed. Wees blij dat jullie bondgenoten in de Grotere Gemeenschap hebben, want bondgenoten zullen jullie nodig hebben. Jullie treden een groter universum binnen, vol met machten en invloeden die jullie nog niet geleerd hebben te neutraliseren. Jullie begeven je in een groter panorama van leven. En jullie moeten je hierop voorbereiden. Onze woorden zijn slechts een deel van de voorbereiding. Een voorbereiding wordt nu naar de wereld gezonden. Zij komt niet bij ons vandaan. Zij komt van de Schepper van al het leven. Zij komt precies op tijd. Want dit is de tijd voor de mensheid om sterk en wijs te worden. Jullie hebben het vermogen om dit te doen. En de gebeurtenissen en omstandigheden in jullie leven maken dit hoogst noodzakelijk.

De Uitdaging voor de Menselijke Vrijheid.

De mensheid nadert een zeer gevaarlijke en zeer belangrijke tijd in haar collectieve ontwikkeling. Jullie staan op het punt om in een Grotere Gemeenschap van intelligent leven op te komen. Jullie zullen andere levensvormen ontmoeten die naar jullie wereld komen om op te komen voor hun belangen en om te ontdekken welke mogelijkheden er in het verschiet liggen. Het zijn geen engelen of hemelse wezens. Het zijn geen spirituele entiteiten. Het zijn wezens die naar jullie wereld komen voor hulpbronnen, voor bondgenootschappen en om hun voordeel te halen in een opkomende wereld. Ze zijn niet slecht. Ze zijn niet heilig. Hierin lijken zij ook veel op jullie. Ze worden eenvoudigweg gedreven door hun behoeftes, hun organisaties, hun overtuigingen en hun collectieve doelstellingen.

Dit is een zeer belangrijke tijd voor de mensheid, maar de mensheid is niet voorbereid. Vanuit ons uitkijkpunt kunnen we dit op een grotere schaal zien. Wij houden ons niet bezig met het dagelijks leven van individuen in de wereld. Wij proberen geen regeringen in te palmen of claims te leggen op bepaalde delen van de wereld of op bepaalde hulpbronnen die zich hier bevinden. In plaats daarvan observeren wij en willen wij graag verslag uitbrengen van hetgeen wij waarnemen, want dat is de reden waarom we hier zijn.

De Ongezienen hebben ons verteld dat er tegenwoordig veel mensen zijn die een vreemd ongemak voelen, een vaag gevoel van urgentie, een gevoel dat er iets staat te gebeuren en dat iets gedaan moet worden. Misschien is er niets in hun dagelijkse belevingssfeer dat deze diepere gevoelens rechtvaardigt, dat de belangrijkheid van deze gevoelens bevestigt, of dat betekenis geeft aan de uiting ervan. Wij begrijpen dit omdat wij in onze eigen geschiedenis door soortgelijke zaken heen zijn gegaan. Wij vertegenwoordigen meerdere rassen die zich in ons kleine bondgenootschap bij elkaar aangesloten hebben om de opkomst van Kennis en Wijsheid in het universum te ondersteunen, in het bijzonder bij rassen die op de drempel staan van een opkomen in de Grotere Gemeenschap. Deze opkomende rassen zijn bijzonder gevoelig voor invloed en manipulatie van buiten. Zij zijn bijzonder kwetsbaar als het gaat om het verkeerd opvatten van hun situatie, begrijpelijkerwijs, want hoe zouden zij de strekking en de complexiteit van het leven binnen de Grotere Geme-enschap kunnen doorgronden? Daarom spelen wij graag onze kleine rol in het voorbereiden en in het onderwijzen van de mensheid.

In ons eerste gesprek gaven wij een brede omschrijving van de betrokkenheid van de bezoekers in vier gebieden. Het eerste gebied is het beïnvloeden van belangrijke mensen in machtsposities in regeringen en aan de top van religieuze instellingen. Het tweede gebied van beïnvloeding is bij mensen die spiritueel georiënteerd zijn en die zich graag open willen stellen voor de hogere machten die in het universum bestaan. Het derde gebied van betrokkenheid is het zich vestigen op strategische locaties in de wereld, nabij bevolkingscentra, waar hun invloed op de Mentale Omgeving uitgeoefend kan worden. En tenslotte hebben we het gehad over hun kruisingsprogramma met de mensheid, een programma dat al enige tijd aan de gang is.

Wij begrijpen hoe verontrustend dit nieuws kan zijn en misschien hoe teleurstellend het is voor veel mensen die vol hoop en verwachting waren dat bezoekers van buiten de wereld de mensheid zegeningen en groot voordeel zouden brengen. Het is misschien normaal om dit te veronderstellen en te verwachten, maar de Grotere Gemeenschap waarin de mensheid opkomt is een moeilijke en concurrerende omgeving, met name in gebieden in het universum waar veel verschillende rassen met elkaar wedijveren en op elkaar reageren ten behoeve van transacties en handel. Jullie wereld bevindt zich in zo'n gebied. Dit kan voor jullie ongeloofwaardig lijken, omdat het er altijd naar uit heeft gezien dat jullie in afzondering leefden, alleen binnen de enorme uitgestrektheid van het heelal. Maar in werkelijkheid leven jullie in een bewoond deel van het universum waar transacties en handel zijn opgezet, en waar tradities, interacties en genootschappen allemaal langdurig bestaan. En ten voordele van jullie, leven jullie in een prachtige wereld – een wereld met een grote biologische diversiteit, een schitterende woonplaats in contrast tot de verlatenheidheid van zoveel andere werelden.

Maar, dit maakt jullie situatie ook erg dringend en vormt een echt risico, want jullie bezitten wat veel anderen voor zichzelf wensen. Ze zijn er niet op uit om jullie te vernietigen maar om jullie loyaliteit en jullie affiniteit te verkrijgen, zodat jullie bestaan in de wereld en jullie activiteiten hier in hun voordeel kunnen zijn. Jullie komen op in volwassen en gecompliceerde omstandigheden. Hier kunnen jullie niet als kleine kinderen geloven en hopen op de zegen van iedereen die jullie eventueel tegenkomen. Jullie moeten wijs en scherpzinnig worden, net zoals wij door onze moeilijke geschiedenis heen wijs en scherp moesten worden. Nu zal de mensheid moeten leren over hoe het eraan toe gaat in Grotere Gemeenschap, over de ingewikkelde interactie tussen rassen, over de gecompliceerdheid van handel en over de subtiele manipulaties van genootschappen en verbonden die worden gesloten tussen werelden. Het is een moeilijke maar belangrijke tijd voor de mensheid, een veelbelovende tijd als de ware voorbereiding getroffen kan worden.

In onze tweede lezing willen we graag dieper ingaan op de interventie in menselijke aangelegenheden door verschillende groepen bezoekers, wat dit voor jullie zou kunnen betekenen en wat het van jullie verlangt. Wij komen niet om angst op te roepen maar om jullie een gevoel van verantwoordelijkheid te ontlokken, om een groter bewustzijn te creëren en om jullie aan te moedigen om je voor te bereiden op het leven dat jullie binnentreden, een groter leven maar tevens een leven met grotere problemen en uitdagingen.

Wij zijn hiernaar toegestuurd door de spirituele macht en aanwezigheid van de Ongezienen. Je zou je hen op een vriendelijke manier voor kunnen stellen als Engelen, maar in de Grotere Gemeenschap vervullen ze een grotere rol en hun betrokkenheid en hun allianties zijn diep en diepgaand. Hun spirituele macht is hier om bewuste wezens in alle werelden en alle plaatsen te zegenen en om de ontwikkeling van de diepere Kennis en Wijsheid te bevorderen, wat een vreedzaam aangaan van relaties mogelijk maakt, zowel tussen werelden als in werelden. Wij zijn hier namens hen. Zij hebben ons gevraagd te komen. En zij hebben ons veel van de informatie gegeven die wij hebben, informatie die wij zelf niet konden verzamelen. Van hen hebben we een groot deel over jullie aard geleerd. We hebben veel geleerd over jullie talenten, jullie sterke kanten, jullie zwakten en jullie grote kwetsbaarheid. Wij kunnen dit soort zaken begrijpen omdat de werelden waar wij vandaan komen de drempel van het opkomen in de Grotere Gemeenschap al gepasseerd zijn. Wij hebben veel geleerd, en wij hebben veel geleden door onze eigen fouten, fouten waarvan wij hopen dat de mensheid ze vermijden zal.

Wij komen dus niet alleen met onze eigen ervaring, maar met een dieper bewustzijn en een dieper gevoeld doel dat de Ongezienen ons gegeven hebben. Wij observeren jullie wereld vanuit een nabijgelegen locatie, en wij luisteren de communicatie af van degenen die jullie bezoeken. Wij weten wie zij zijn. Wij weten waar zij vandaan komen en waarom zij hier zijn. Wij wedijveren niet met hen, omdat wij hier niet zijn om de wereld uit te buiten. Wij beschouwen onszelf als de Bondgenoten van de Mensheid, en wij hopen dat jullie ons te zijner tijd ook als zodanig willen beschouwen, want dat zijn wij. En hoewel wij dit niet kunnen bewijzen, hopen wij dit aan te kunnen tonen door onze woorden en door de wijsheid van ons advies. Wij hopen jullie voor te bereiden op datgene wat komen gaat. Onze missie is zeer dringend, want de mensheid loopt erg achter in haar voorbereiding op de Grotere Gemeenschap. Veel eerdere pogingen, tientallen jaren geleden, om contact te maken met mensen en de mensen voor te bereiden op hun toekomst bleken zonder succes. Slechts enkele mensen konden bereikt worden, en zoals we gehoord hebben, werden veel van deze contacten verkeerd begrepen en door anderen gebruikt voor andere doeleinden.

Daarom zijn wij gestuurd om degenen die vóór ons zijn gekomen te vervangen en hulp te bieden aan de mensheid. Wij werken samen in ons gezamenlijke doel. Wij vertegenwoordigen geen grote militaire macht, maar meer een geheim en heilig verbond. Wij willen het soort aangelegenheden die bestaan binnen de Grotere Gemeenschap niet zien gebeuren hier in jullie wereld. Wij willen de mensheid geen satellietstaat zien worden van een groter netwerk van mogendheden. Wij willen niet zien dat de mensheid haar vrijheid en haar zelfbeschikking verliest. Dit zijn werkelijke risico's. Om deze reden moedigen wij jullie aan om diep na te denken over onze woorden, zonder angst indien mogelijk en met het soort overtuiging en vastberadenheid waarvan wij weten dat die in de harten van alle mensen zetelt.

Vandaag, morgen en de dagen daarna worden grote activiteiten ontplooid en zullen worden ontplooid om een netwerk van invloed over de mensheid op te zetten door diegenen die de wereld bezoeken voor hun eigen doeleinden. Zij denken dat zij hier naartoe komen om de wereld van de mensheid te redden. Sommigen geloven zelfs dat ze hier zijn om de mensheid van zichzelf te redden. Ze vinden dat zij hiertoe het recht hebben en zien niet dat hun acties ongepast en onethisch zijn. Volgens hun eigen ethiek, doen ze wat beschouwd wordt als redelijk en belangrijk. Hoe dan ook, voor geen enkel vrijheidslievend wezen is zo'n benadering te rechtvaardigen.

We observeren de activiteiten van de bezoekers, die aan het toenemen zijn. Ieder jaar zijn er meer van hen hier. Zij komen van verre. Ze brengen voorraden. Zij intensiveren hun betrokkenheid en inmenging. Ze vestigen communicatiestations op veel plaatsen binnen jullie zonnestelsel. Ze observeren al jullie beginnende uitstapjes in de ruimte en ze zullen alles tegenwerken of vernietigen waarvan ze het idee hebben dat het hun activiteiten belemmert. Zij streven er niet alleen naar controle over jullie wereld krijgen, maar ook over het gebied om jullie wereld heen. Dit omdat zich hier concurrerende mogendheden bevinden. Elke mogendheid vertegenwoordigt een samenwerking tussen verschillende rassen.

Laten we ons nu richten op de laatste van de vier gebieden waarover wij in onze eerste lezing gesproken hebben. Dit heeft te maken met de kruising tussen de bezoekers en het menselijk ras. Laten we jullie eerst een stukje geschiedenisles geven. Duizenden jaren geleden, in jullie tijdrekening, kwamen meerdere rassen om zichzelf te kruisen met de mensheid om de mensheid een grotere intelligentie en een groter aanpassingsvermogen te geven. Dit heeft tot de relatief plotselinge opkomst geleid van wat, zoals wij het begrijpen, de "Moderne Mens" genoemd wordt. Dit heeft jullie dominantie en macht gegeven in jullie wereld. Dit is lang geleden gebeurd.

Echter, het kruisingsprogramma dat nu plaatsvindt lijkt hier in het geheel niet op. Het wordt uitgevoerd door ander wezens en door andere allianties. Door kruising proberen ze een menselijk wezen te creëren dat deel uitmaakt van hun unie, maar dat in jullie wereld overleven kan en dat een natuurlijke affiniteit heeft met de wereld. Jullie bezoekers kunnen niet op het oppervlak van jullie wereld leven. Ze moeten of beschutting zoeken onder de grond, wat ze nu doen, of ze moeten aan boord van hun voertuigen leven, die ze vaak verbergen in grote wateren. Zij willen zichzelf kruisen met de mensheid om hun belangen veilig te stellen, die in de eerste plaats gevormd worden door de hulpbronnen van jullie wereld. Ze willen de menselijke loyaliteit veiligstellen en dus zijn ze al meerdere generaties lang betrokken bij een kruisingsprogramma, dat in de laatste twintig jaar behoorlijk uitgebreid is.

Hun bedoeling is tweevoudig. Ten eerste, zoals we reeds gezegd hebben, willen de bezoekers een mensachtig wezen creëren, dat in jullie wereld kan leven, maar dat aan hen gebonden is en grotere gevoeligheden en meer bekwaamheden heeft. Het tweede doel van dit programma is om iedereen te beïnvloeden die zij tegenkomen en om mensen aan te moedigen hen te assisteren bij deze onderneming. De bezoekers willen en moeten menselijke hulp hebben. Dit bevordert hun programma in alle opzichten. Zij beschouwen jullie als waardevol. Maar zij beschouwen jullie niet als hun collega's of hun gelijken. Nuttig, zo worden jullie gezien. Dus aan eenieder die zij zullen tegenkomen, aan iedereen die zij zullen binnenhalen, zullen de bezoekers proberen dit gevoel van hun superioriteit, hun waarde en het nut en de betekenis van hun inspanningen in de wereld over te brengen. De bezoekers zullen iedereen met wie ze contact maken vertellen dat ze hier ten goede zijn, en zij zullen diegenen die ze gevangen hebben verzekeren dat ze niet bang hoeven te zijn. En met diegenen die bijzonder ontvankelijk lijken zullen ze proberen samenwerkingsverbanden op te zetten – een gedeeld gevoel van nut, zelfs een gedeeld gevoel van identiteit en familie, van erfenis en bestemming.

In hun programma hebben de bezoekers de menselijke fysiologie en psychologie zeer uitgebreid bestudeerd, en ze zullen hun voordeel doen met wat mensen willen, met name die dingen die mensen willen en nooit hebben kunnen krijgen voor henzelf, zoals vrede en orde, schoonheid en kalmte. Deze zullen aangeboden worden en sommige mensen zullen er in geloven. Anderen zullen eenvoudigweg gebruikt worden zoals het uitkomt.

Hier is het noodzakelijk te begrijpen dat de bezoekers geloven dat dit volledig terecht is teneinde de wereld te kunnen behouden. Zij denken dat ze de mensheid een grote dienst bewijzen en zijn zodoende oprecht in hun overtuiging. Jammer genoeg demonstreert dit een grote waarheid over de Grotere Gemeenschap – dat echte Wijsheid en echte Kennis even zeldzaam zijn in het universum als zij in jullie wereld lijken te zijn. Het is normaal voor jullie om te hopen en te verwachten dat andere rassen onoprechtheid, egoïstische bezigheden, concurrentie en conflict ontgroeid zijn. Maar helaas is dit niet het geval. Geavanceerdere technologie verhoogt niet de mentale en spirituele kracht van individuen.

Tegenwoordig zijn er veel mensen die herhaaldelijk tegen hun wil meegenomen worden. Omdat de mensheid erg bijgelovig is en zaken die zij niet begrijpt probeert te ontkennen, wordt deze rampzalige activiteit met aanzienlijk succes voortgezet. Zelfs op dit moment zijn er hybride individuen, deels menselijk, deels buitenaards, die rondlopen in jullie wereld. Het zijn er niet veel, maar hun aantal zal toenemen in de toekomst. Misschien kom je er op een dag een tegen. Ze zullen er hetzelfde uitzien, maar anders zijn dan jij. Je denkt dat het mensen zijn, maar iets essentieels in hen lijkt te ontbreken, iets dat gewaardeerd wordt in jullie wereld. Het is mogelijk om in staat te zijn deze individuen te onderscheiden en te identificeren, maar om dit te kunnen, zou je geschoold moeten worden in de Mentale Omgeving en leren wat Kennis en Wijsheid in de Grotere Gemeenschap betekenen.

Wij hebben het gevoel dat het van het grootste belang is dit te leren, omdat we alles wat er in jullie wereld gebeurt zien vanuit onze uitkijkpost en de Ongezienen ons advies geven over zaken die wij niet kunnen zien of waar we geen toegang toe hebben. Wij begrijpen deze gebeurtenissen omdat ze ontelbare malen gebeurd zijn in de Grotere Gemeenschap, als invloed en overreding uitgeoefend worden op rassen die óf te zwak óf te kwetsbaar zijn om er effectief op te kunnen reageren.

Wij hopen en vertrouwen erop dat niemand van jullie die deze boodschap hoort zal denken dat deze inbreuk op het menselijk leven heilzaam is. Diegenen die getroffen zijn zullen zodanig beïnvloed worden dat ze denken dat deze ontmoetingen heilzaam zijn, zowel voor henzelf als voor de wereld. De spirituele ambities van mensen, hun verlangen naar vrede en harmonie, familie en erbij horen zullen allemaal gebruikt worden door de bezoekers. Deze zaken, die zo speciaal zijn voor de menselijke familie, zijn zonder Wijsheid en voorbereiding een teken van jullie grote kwetsbaarheid. Alleen die individuen die gesterkt zijn met Kennis en Wijsheid zouden in staat zijn de misleiding achter deze overredingen te zien. Alleen zij zijn in staat de misleiding te zien die de menselijke familie ondergaat. Alleen zij kunnen hun gedachtewereld beschermen tegen de invloed die uitgeoefend wordt in de Mentale Omgeving op zoveel plaatsen in de wereld vandaag de dag. Alleen zij zullen zien en weten.

Onze woorden zullen niet genoeg zijn. Mannen en vrouwen moeten leren zien en weten. Wij kunnen dit slechts aanmoedigen. Onze komst hier naar jullie wereld is in overeenstemming met de introductie van het onderricht in de Spiritualiteit van de Grotere Gemeenschap, want de voorbereidende studie is nu hier aanwezig en daarom kunnen wij een bron van aanmoediging zijn. Als de voorbereiding hier niet zou zijn, zouden wij weten dat onze waarschuwingen en onze aanmoediging niet voldoende zouden zijn en geen succes zouden hebben. De Schepper en de Ongezienen willen de mensheid voorbereiden op de Grotere

Gemeenschap. In feite is dat op dit moment de belangrijkste behoefte voor de mensheid.

Daarom moedigen wij jullie aan om niet te geloven dat het ontvoeren van mensen en hun kinderen en hun families enig voordeel voor de mensheid heeft. Wij moeten dit met klem benadrukken. Jullie vrijheid is kostbaar. Jullie individuele vrijheid en jullie vrijheid als ras zijn kostbaar. Het heeft ons zoveel tijd gekost om onze vrijheid te herwinnen. Wij willen niet aanzien dat jullie die van jullie verliezen.

Het kruisingsprogramma dat in de wereld plaats vindt zal doorgaan. De enige manier waarop dit gestopt kan worden is als mensen dit grotere bewustzijn en gevoel van innerlijke autoriteit bereiken. Alleen dit zal deze schendingen tot een einde brengen. Alleen dit zal het bedrog erachter aan het licht brengen. Het is voor ons zo moeilijk voor te stellen hoe vreselijk het voor jullie mensen moet zijn, voor die mannen en vrouwen, voor die kleintjes, die deze behandeling ondergaan, deze heropvoeding, deze pacificatie. Volgens onze waarden is dit afschuwelijk, en toch weten we dat deze dingen in de Grotere Gemeenschap gebeuren en sinds mensenheugenis gebeurd zijn.

Misschien roepen onze woorden meer en meer vragen op. Dit is gezond en dit is normaal, maar wij kunnen niet al jullie vragen beantwoorden. Jullie moeten de middelen vinden om zelf de antwoorden te vinden. Maar jullie kunnen dit niet doen zonder een voorbereiding, en jullie kunnen dit niet doen zonder een richting. Op dit moment, begrijpen wij, kan de mensheid als geheel het verschil tussen een demonstratie van de Grotere Gemeenschap en een spirituele manifestatie niet zien. Dit is een werkelijk moeilijke situatie, aangezien jullie bezoekers beelden kunnen projecteren, ze kunnen via het mentale milieu met mensen spreken en hun stemmen kunnen door mensen ontvangen en uitgesproken worden. Zij zijn in staat dit soort invloeden uit te oefenen omdat de mensheid dit soort vaardigheden of onderscheidingsvermogen nog niet bezit.

De mensheid is niet verenigd. Zij is verbrokkeld. Zij is in conflict met zichzelf. Dit maakt jullie extreem kwetsbaar voor inmenging en manipulatie van buitenaf. Jullie bezoekers hebben begrepen dat jullie spirituele verlangens en neigingen jullie bijzonder kwetsbaar maken en bijzonder bruikbaar voor hun doelen. Het is zo moeilijk om echte objectiviteit te bereiken, wat deze zaken betreft. Zelfs waar wij vandaan zijn gekomen is het een enorme uitdaging geweest. Maar zij die vrij willen blijven en zelfbeschikking willen handhaven in de Grotere Gemeenschap moeten deze vaardigheden ontwikkelen, en moeten hun hulpbronnen behouden teneinde te voorkomen dat ze die bij anderen moeten zoeken. Als jullie wereld haar onafhankelijkheid verliest zal ze veel van haar vrijheid verliezen. Als jullie de hulpbronnen die jullie voor je levensonderhoud nodig hebben buiten jullie wereld moeten zoeken, zullen jullie veel van jullie macht aan anderen moeten afstaan. Omdat jullie hulpbronnen erg snel afnemen, baart dit diegenen van ons die van verre toekijken grote zorgen. Het is ook van belang voor jullie bezoekers, want zij willen de teloorgang van jullie milieu verhinderen, niet voor jullie maar voor henzelf.

Het kruisingsprogramma dient slechts één doel, en dat is de bezoekers in staat te stellen hier hun aanwezigheid en dominerende macht binnen de wereld te vestigen. Denk niet dat de bezoekers iets te kort komen dat ze van jullie nodig hebben uitgezonderd jullie hulpbronnen. Denk niet dat ze jullie menselijkheid nodig hebben. Zij willen jullie menselijkheid alleen maar om hun positie in de wereld zeker te stellen. Wees niet gevleid. Ga je niet te buiten aan dit soort gedachten. Ze zijn ongegrond. Als jullie kunnen leren de situatie helder te zien zoals ze werkelijk is, zullen jullie deze dingen zelf zien en weten. Jullie zullen begrijpen waarom wij hier zijn en waarom de mensheid bondgenoten nodig heeft in een Grotere Gemeenschap van intelligent leven. En jullie zullen het belang begrijpen van het leren van grotere Kennis en Wijsheid en leren over de Spiritualiteit uit de Grotere Gemeenschap.

Omdat jullie opkomen in een omgeving waar dit soort zaken van groot belang zijn voor succes, voor vrijheid, voor geluk en voor kracht, zullen jullie grotere Kennis en Wijsheid nodig hebben, teneinde jezelf als een onafhankelijk ras in de Grotere Gemeenschap te vestigen. Echter, jullie verliezen jullie onafhankelijkheid met elke dag die voorbij gaat. En misschien zien jullie het verlies van jullie vrijheid niet, alhoewel jullie het misschien op de een of andere manier wel voelen. Hoe zouden jullie het ook moeten zien? Jullie kunnen jullie wereld niet verlaten en getuige zijn van wat er om haar heen gebeurt. Jullie hebben geen toegang tot de politieke en commerciële verwikkelingen van de buitenaardse machten die op dit moment in de wereld actief zijn om hun complexiteit, hun ethiek of hun waarden te begrijpen.

Denk nooit dat enig ras in het universum dat voor commerciële redenen reist spiritueel ontwikkeld is. Diegenen die commercie zoeken, zoeken voordeel. Diegenen die van wereld naar wereld reizen, die op zoek zijn naar grondstoffen, diegenen die proberen hun eigen vlag te planten zijn niet wat jullie spiritueel ontwikkeld zouden noemen. Wij zien hen niet als spiritueel ontwikkeld. Er is wereldlijke macht en er is spirituele macht. Jullie kunnen het verschil tussen deze twee zaken begrijpen, en nu is het nodig om dit verschil in een groter verband te zien.

We zijn hier naartoe gekomen omdat we ons betrokken voelen en we moedigen jullie ten sterkste aan om jullie vrijheid te behouden, sterk te worden, onderscheid te leren maken en niet toe te geven aan overredingen of beloftes van vrede, macht en erbij horen van diegenen die jullie niet kennen. En stel jezelf niet gerust met de gedachte dat het allemaal wel goed komt met de mensheid of zelfs met jou persoonlijk, want dit is geen Wijsheid. Want de Wijzen overal moeten leren de realiteit van het leven om hen heen te zien en zich op een voorspoedige manier door dit leven heen te leren slaan.

Neem daarom onze aanmoediging in ontvangst. Wij zullen later weer over deze zaken spreken en het belang van het verkrijgen van inzicht en terughoudendheid toelichten. En we zullen het uitgebreider hebben over de bemoeienis van jullie bezoekers in de wereld in gebieden waarvan het voor jullie erg belangrijk is dat je dat inziet. Wij hopen dat jullie onze woorden kunnen aanvaarden.

Een Grote Waarschuwing

Wij stonden te popelen om meer met jullie te spreken over de wereldse aangelegenheden en jullie, indien mogelijk, te laten zien wat wij vanuit onze waarnemingspost zien. Wij beseffen dat dit moeilijk te aanvaarden is en nogal wat ongerustheid en bezorgdheid zal veroorzaken, maar jullie moeten geïnformeerd worden.

De situatie is vanuit ons perspectief zeer ernstig en wij denken dat het rampzalig zou zijn als mensen niet correct geïnformeerd zouden worden. Er is zo veel misleiding in de wereld waarin jullie leven, en in veel andere werelden eveneens, dat de waarheid hoewel duidelijk en voor de hand liggend niet herkend wordt en haar signalen en boodschappen onopgemerkt blijven. Wij hopen daarom dat onze aanwezigheid het beeld kan helpen verhelderen en jullie en anderen kan helpen zien wat er werkelijk aan de hand is. Wij hoeven geen compromissen te sluiten bij onze waarneming, want wij zijn gestuurd om over precies die zaken te getuigen die wij beschrijven.

Op den duur, zouden jullie misschien zelf achter deze zaken kunnen komen, maar jullie hebben deze tijd niet. Er is nu weinig tijd. De voorbereiding van de mensheid op het verschijnen van mogendheden vanuit de Grotere Gemeenschap loopt ver achter op schema. Veel belangrijke mensen hebben niet gereageerd. En de invasie in de wereld is veel sneller verlopen dan oorspronkelijk voor mogelijk gehouden werd.

Er rest ons nog maar weinig tijd, maar toch moedigen wij jullie aan om deze informatie te delen. Zoals wij in de voorgaande boodschappen hebben aangegeven, wordt de wereld geïnfiltreerd en de Mentale Omgeving geconditioneerd en voorbereid. De bedoeling is niet om de mensen uit te roeien maar om hen te werk te stellen, om hen arbeiders voor een groter "collectief" te laten worden. De instellingen van de wereld en zeer zeker de natuur worden in ere gehouden en de bezoekers kiezen ervoor dat deze worden behouden voor hun eigen gebruik. Ze kunnen hier niet leven, en dus passen zij veel van de technieken die wij beschreven hebben toe teneinde jullie vertrouwen te winnen. Wij zullen doorgaan met onze beschrijving om deze zaken te verhelderen.

Onze komst hier werd bemoeilijkt door verschillende factoren, niet in de laatste plaats omdat diegenen die wij moesten bereiken er niet klaar voor waren. Onze spreker, de auteur van dit boek, is de enige met wie wij een stabiel contact konden maken, dus moeten wij onze spreker de fundamentele informatie geven.

Vanuit het perspectief van jullie bezoekers, zoals wij geleerd hebben, worden de Verenigde Staten beschouwd als de wereldleider, en dus zal de grootste nadruk hier worden gelegd.

Maar andere belangrijke naties zullen eveneens benaderd worden, want zij worden als machtig erkend, en macht wordt door de bezoekers begrepen, want zij volgen de bevelen van de leiding zonder deze in twijfel te trekken en zij doen dat in veel hogere mate dan kennelijk in jullie wereld het geval is.

Pogingen zullen worden ondernomen om de leiders van de sterkste naties ontvankelijk te maken voor de aanwezigheid van de bezoekers en om geschenken en lokkertjes tot samenwerking te ontvangen met de belofte van wederkerig voordeel, en zelfs de belofte van wereldheerschappij voor sommigen. In de wandelgangen van de wereldmachten zullen er mensen zijn die op deze lokkertjes zullen ingaan, omdat zij zullen denken dat hier een grotere kans ligt om de mensheid voorbij het spookbeeld van kernoorlog te leiden naar een nieuwe gemeenschap op aarde, een gemeenschap die zij zullen leiden voor hun eigen plannen. Maar deze leiders worden bedrogen, want hen zal de sleutel tot dit rijk niet gegeven worden. Zij zullen simpelweg de tussenpersonen tijdens de machtsoverdracht zijn.

Dit moeten jullie begrijpen. Het is niet zo ingewikkeld. Vanuit ons perspectief en oogpunt is het voor de hand liggend. Wij hebben dit elders zien gebeuren. Het is een van de manieren waarop gevestigde organisaties van rassen die hun eigen collectief hebben opkomende werelden zoals die van jullie recruteren. Zij geloven stellig dat hun agenda rechtschapen is en ter verbetering van jullie wereld dient, want de mensheid wordt niet erg gerespecteerd, en hoewel jullie op bepaalde manieren zeer goed bezig zijn, overtreffen jullie kwalijke gewoontes ruimschoots jullie potentieel, vanuit hun gezichtspunt bekeken.

Wij kijken er niet op die manier tegen aan, anders hadden we niet in de positie gezeten waarin we nu zitten en zouden we onze diensten als Bondgenoten van de Mensheid niet aan jullie aanbieden.

Er is dus nu een groot probleem in onderscheidingsvermogen, een grote uitdaging. De uitdaging voor de mensheid is om te begrijpen wie werkelijk haar bondgenoten zijn en om hen te kunnen onderscheiden van haar eventuele tegenstanders. In deze kwestie zijn er geen neutrale partijen. De wereld is veel te kostbaar, en haar hulpbronnen worden onderkend als uniek en van een aanzienlijke waarde. Er zijn geen neutrale partijen verwikkeld in menselijke aangelegenheden. De ware aard van de buitenaardse Interventie is om invloed en controle uit te oefenen en eventueel hier haar heerschappij te vestigen.

Wij zijn de bezoekers niet. Wij zijn waarnemers. Wij eisen geen rechten op over jullie wereld en wij hebben geen agenda om onszelf hier te vestigen. Om deze reden zijn onze namen geheim, want wij streven geen relaties na met jullie buiten ons vermogen om jullie op deze manier van advies te voorzien. Wij kunnen de uitkomst niet bepalen. Wij kunnen jullie alleen maar adviseren over de keuzes en beslissingen die jullie mensen moeten nemen in het licht van deze grotere gebeurtenissen.

De mensheid is veelbelovend en heeft een rijk spiritueel erfgoed gecultiveerd, maar ze is niet onderlegd in de Grotere Gemeenschap waarin zij opkomt. De mensheid is intern verdeeld en strijdlustig, waardoor zij kwetsbaar wordt voor manipulatie en voor indringing van buiten haar grenzen. Jullie mensen zijn volledig in beslag genomen door de dagelijkse bezigheden, maar de realiteit van morgen wordt niet erkend. Welke winst zouden jullie mogelijkerwijs kunnen behalen uit het negeren van de grotere beweging van de wereld en met de veronderstelling dat de Interventie die op dit moment plaatsvindt in jullie belang is? Er is met zekerheid niemand onder jullie die dit zou beweren als jullie maar de realiteit van de situatie zouden inzien.

In zekere zin is het een kwestie van perspectief. Wij kunnen zien en jullie niet, want jullie bevinden je niet in de meest gunstige positie hiervoor. Jullie zouden je buiten jullie wereld, buiten het invloedsgebied van jullie wereld moeten begeven om te kunnen zien wat wij zien. Echter, om te zien wat wij zien moeten wij verborgen blijven want als wij ontdekt zouden worden, zouden wij met zekerheid omkomen. Want jullie bezoekers beschouwen hun missie hier van zeer groot belang en ze zien de Aarde naast enkele andere als de belangrijkste kolonie . Zij zullen zich door ons niet tegen laten houden. Dus is het jullie eigen vrijheid die jullie moeten waarderen en die jullie moeten verdedigen. Wij kunnen dit niet voor jullie doen.

Elke wereld in de Grotere Gemeenschap, die haar eigen eenheid, vrijheid en zelfbeschikking nastreeft moet deze vrijheid verwerven en indien nodig verdedigen. Anders zal overheersing met zekerheid plaatsvinden en deze zal totaal zijn.

Waarom willen jullie bezoekers jullie wereld? Het is zo erg voor de hand liggend. Ze zijn niet specifiek in jullie geïnteresseerd. Het zijn de biologische hulpbronnen van jullie wereld. Het is de strategische positie van dit zonnestelsel. Jullie zijn nuttig voor hen in zoverre deze zaken gewaardeerd en gebruikt kunnen worden. Ze zullen jullie bieden wat jullie willen en ze zullen zeggen wat jullie willen horen. Ze zullen jullie lokken met aanbiedingen en zij zullen jullie godsdiensten en jullie godsdienstige idealen gebruiken om het geloof en het vertrouwen te kweken dat zij, beter dan jullie, de behoeften van jullie wereld begrijpen en in staat zullen zijn in deze behoeften te voorzien teneinde hier een grotere gemoedsrust te bewerkstelligen. Omdat de mensheid niet bij machte lijkt te zijn om eenheid en orde te bewerkstelligen, zullen veel mensen hun denken en hun hart open stellen voor diegenen waarvan zij geloven dat die daarbij meer kans maken.

In de tweede verhandeling spraken we kort over het kruisingsprogramma. Sommigen hebben van dit fenomeen gehoord en wij begrijpen dat hierover wat discussie gevoerd is. De Ongezienen hebben ons verteld dat er een toenemende bewustwording plaatsvindt dat zo'n programma bestaat, maar het is niet te geloven dat mensen de voor de hand liggende implicaties niet kunnen zien, omdat ze zo vasthouden aan hun voorkeuren betreffende dit onderwerp en zo slecht toegerust zijn om om te gaan met wat zo'n Interventie zou kunnen betekenen. Een kruisingsprogramma is duidelijk een poging om de aanpassing aan de fysieke wereld van de mens te mengen met de groepsgeest en het collectieve bewustzijn van de bezoekers. Zo'n nazaat zou in een perfecte positie verkeren om een nieuw leiderschap voor de mensheid te leveren, een leiderschap geboren uit de bedoelingen van de bezoekers en de campagne van de bezoekers. Deze individuen zouden bloedverwanten in de wereld hebben en dus zouden anderen met hen verbonden zijn en hun aanwezigheid accepteren. En toch zou hun geest niet bij jullie zijn en evenmin hun hart. En hoewel zij sympathie zouden kunnen voelen voor jullie, jullie omstandigheden en hoe jullie omstandigheden uiteindelijk zouden worden, zouden zij niet de individuele autoriteit hebben, om jullie bij te staan of weerstand te bieden aan het collectieve bewustzijn dat hen hier heeft gekweekt en hen leven gegeven heeft, juist omdat zij niet geoefend zijn in De Weg van Kennis en Inzicht.

Individuele vrijheid wordt door de bezoekers niet gewaardeerd, begrijpen jullie? Zij beschouwen die als roekeloos en onverantwoordelijk. Zij begrijpen enkel hun eigen collectieve bewustzijn, hetwelk zij zien als een voorrecht en een zegen. Maar toch hebben zij geen toegang tot echte spiritualiteit, Kennis genoemd in het universum, want Kennis wordt geboren uit individuele zelfontdekking en wordt tot stand gebracht door relaties van een hogere orde. Geen van deze verschijnselen is aanwezig in de sociale aard van de bezoekers. Zij kunnen niet voor zichzelf denken. Hun wil is niet van hen alleen. En dus kunnen zij de vooruitzichten voor een ontwikkeling van deze twee grote kwaliteiten in jullie wereld van nature niet respecteren en zij zijn zeker niet in staat om zulke zaken te cultiveren. Zij zijn alleen op zoek naar inschikkelijkheid en loyaliteit. En de spirituele leringen die zij zullen aanmoedigen dienen enkel om mensen volgzaam te maken, open en niets vermoedend teneinde een vertrouwen in te winnen dat ze niet verdiend hebben.

Wij hebben dit soort zaken elders eerder gezien. Wij hebben complete werelden onder controle van zulke collectieven zien vallen. In het universum bestaan veel van dit soort collectieven. Omdat dit soort collectieven zich inlaten met interplanetaire handel en zich uitstrekken over enorme afstanden, houden zij vast aan een strikte gelijkvormigheid zonder af te wijken. Er is geen individualiteit onder hen, tenminste niet op een manier die jullie kunnen herkennen.

Wij weten niet zeker of wij een voorbeeld kunnen geven binnen jullie eigen wereld over hoe dit er uit kan zien, maar ons is verteld dat er commerciële belangen in jullie wereld zijn die meerdere continenten beslaan en die enorme macht uitoefenen, maar die toch maar door enkelen beheerd worden. Dit is misschien een goede analogie voor hetgeen wij beschrijven. Echter, wat wij beschrijven is zoveel krachtiger, dieper doordrongen en steviger verankerd dan alles wat je als een goed voorbeeld in jullie wereld aan zou kunnen dragen.

Voor intelligent leven overal geldt dat angst een destructieve kracht kan zijn. Maar angst dient slechts één enkel doel als het correct gezien wordt, en dat is jou informeren over de aanwezigheid van gevaar. Wij zijn bezorgd en dat is de aard van onze angst. Wij begrijpen wat er op het spel staat. Dat is de aard van onze zorgen. De oorzaak van jullie angst is dat jullie niet weten wat er gebeurt, dus is het een destructieve angst. Het is een angst die jullie niet sterker kan maken of die jullie niet de benodigde perceptie kan geven om te begrijpen wat er in jullie wereld gebeurt.

Als jullie geïnformeerd kunnen worden, dan wordt angst omgevormd tot bezorgdheid en bezorgdheid wordt omgevormd tot constructieve actie. Wij weten geen andere manier om dit te beschrijven.

Het kruisingsprogramma is zeer succesvol aan het worden. Nu al zijn er wezens die jullie Aarde bewandelen die ontsproten zijn aan het bewustzijn en de collectieve inspanningen van de bezoekers . Zij kunnen hier niet gedurende langere tijd verblijven, maar binnen slechts enkele jaren zullen zij in staat zijn om permanent op het oppervlak van jullie wereld te verblijven. Zo groot zal de perfectie van hun genetische engineering zijn dat zij slechts weinig van jullie zullen lijken te verschillen, en dan meer in hun manieren en hun aanwezigheid dan in hun fysieke verschijning, in zo'n mate dat zij waarschijnlijk niet zullen opvallen of herkend worden. Maar zij zullen grotere mentale vermogens hebben. En hierdoor zullen zij een voordeel krijgen dat jullie niet zullen kunnen evenaren, tenzij jullie in De Wegen van Inzicht geoefend zullen zijn.

Zo is de grotere realiteit waarin de mensheid aan het opkomen is – een universum vol van wonderen en verschrikkingen, een universum van beïnvloeding, een universum van concurrentie, maar ook een universum dat overloopt van Genade, veel lijkend op jullie eigen wereld maar oneindig groter. De Hemel die jullie zoeken is niet hier. Echter wel de krachten waarmee jullie te maken krijgen. Dit is de grootste drempel ooit die jullie ras onder ogen moet zien. Ieder van ons in onze groep heeft dit onder ogen gezien in onze respectievelijke werelden, en er zijn behoorlijk wat mislukkingen geweest met slechts weinig succes. Rassen van wezens die hun vrijheid en afzondering kunnen behouden moeten sterk en één worden en zullen zich met alle waarschijnlijkheid in zeer hoge mate terugtrekken uit interacties met de Grotere Gemeenschap teneinde die vrijheid te beschermen.

Als jullie over deze zaken nadenken zien jullie misschien parallellen met jullie eigen wereld. De Ongezienen hebben ons een hoop verteld over jullie spirituele ontwikkeling en haar grote belofte, maar zij hebben ons ook verteld dat jullie spirituele aanleg en idealen op dit moment behoorlijk gemanipuleerd worden. Er worden nu complete leringen in de wereld geïntroduceerd die de mensheid berusting en opschorting van de kritische vermogens leren en alleen maar dat te waarderen dat aangenaam en comfortabel is. Deze leringen worden gegeven teneinde de mensen hun vermogen te ontnemen om toegang tot Kennis in henzelf te hebben tot op het punt dat ze zich volledig afhankelijk voelen van grotere krachten die ze niet kunnen thuisbrengen. Op dat punt zullen zij alles wat zij opgedragen krijgen volgen en zelfs als ze voelen dat er iets niet klopt zullen ze de kracht niet meer bezitten om weerstand te bieden.

De mensheid heeft lange tijd in afzondering geleefd. Misschien gelooft men dat zo'n Interventie onmogelijk plaats kan vinden en dat ieder persoon eigendomsrechten bezit over zijn of haar eigen bewustzijn en gedachtewereld. Maar dit zijn slechts veronderstellingen. Er is ons echter verteld dat de Wijzen in jullie wereld geleerd hebben deze veronderstellingen te overwinnen en dat zij de kracht hebben verworven om hun eigen Mentale Omgeving te scheppen.

Wij vrezen dat onze woorden misschien te laat komen en te weinig effect hebben en dat diegene die wij gekozen hebben om ons te ontvangen te weinig assistentie en steun heeft om deze informatie beschikbaar te stellen. Hij zal te maken krijgen met ongeloof en spot omdat hij niet geloofd zal worden en waarover hij spreekt zal datgene tegenspreken dat velen als waarheid aannemen. In het bijzonder diegenen die onder buitenaardse invloed geraakt zijn zullen zich tegen hem keren, want zij hebben hierin geen keuzevrijheid.

In deze ernstige situatie heeft de Schepper van al het leven een voorbereiding, een lering van spiritueel vermogen en inzicht, van kracht en bekwaamheid gestuurd. Wij zijn studenten van zo'n lering, zoals er velen zijn door het universum heen. Deze lering is een vorm van Goddelijke interventie. Zij behoort tot geen enkele wereld in het bijzonder. Zij is niet het eigendom van welk ras dan ook. Zij is niet gecentreerd rondom enige held of heldin, of een enkel individu. Zo'n voorbereiding is nu beschikbaar. Het zal nodig zijn. Vanuit ons perspectief is het momenteel het enige dat de mensheid een kans biedt om wijs en onderscheidend te worden betreffende jullie nieuwe leven in de Grotere Gemeenschap.

Zoals het in jullie wereld in jullie eigen geschiedenis gebeurd is, zijn de eersten die nieuw land bereiken de ontdekkings-reizigers en veroveraars. Zij komen niet om onbaatzuchtige redenen. Ze zijn op zoek naar macht, hulpbronnen en overheersing. Zo is de natuur van het leven. Als de mensheid goed op de hoogte zou zijn van aangelegenheden van de Grotere Gemeenschap zou zij zich verzetten tegen elk bezoek aan jullie wereld, tenzij er vooraf een onderlinge overeenkomst gesloten zou zijn. Jullie zouden dan voldoende weten om te zorgen dat jullie wereld niet zo kwetsbaar is.

Op dit moment wedijveren verschillende collectieven met elkaar om hier de overhand te verkrijgen. Dit plaatst de mensheid in het centrum van zeer ongebruikelijk en toch verhelderende omstandigheden. Daarom zullen de boodschappen van de bezoekers vaak onsamenhangend lijken. Er is conflict onder hen geweest, maar ze zullen met elkaar onderhandelen als zij daarin wederzijds voordeel zouden zien. Toch zijn ze nog steeds concurrenten van elkaar. Voor hen is dit de grens. Jullie worden alleen door hen gewaardeerd voor zover jullie bruikbaar zijn. Als jullie niet langer gezien worden als bruikbaar dan zullen jullie eenvoudig worden afgedankt.

Hier ligt een enorme uitdaging voor de mensen van jullie wereld en in het bijzonder voor diegenen in posities van macht en verantwoordelijkheid, namelijk om het verschil te kunnen zien tussen spirituele aanwezigheid en bezoek van de Grotere Gemeenschap. Hoe krijg je echter het kader om dit onderscheid te maken? Waar kan je zulke zaken leren? Wie in jullie wereld verkeert in de positie om de realiteit van de Grotere Gemeenschap te onderwijzen? Alleen een lering van buiten deze wereld kan jullie voorbereiden op een leven buiten deze wereld, en leven van buiten jullie wereld is nu in jullie wereld, en streeft ernaar zichzelf te hier vestigen, streeft ernaar haar invloed uit te breiden, streeft ernaar de geest en het hart en de ziel van mensen overal voor zich te winnen. Het is zo eenvoudig. En toch zo verwoestend.

Daarom is het onze taak om een ernstige waarschuwing te geven met onze boodschappen, maar de waarschuwing alleen is niet voldoende. Jullie mensen moeten het erkennen. Op zijn minst moet er bij voldoende mensen begrip zijn van de werkelijkheid die jullie nu voor ogen hebben. Dit is de grootste gebeurtenis in de menselijk geschiedenis – de grootste bedreiging voor menselijke vrijheid en de grootste kans voor de mensheid op eenwording en samenwerking. Wij zien deze grote voordelen en mogelijkheden, maar met elke dag die voorbij gaat neemt hun belofte af – nu steeds meer mensen gevangen worden genomen en hun bewustzijn opnieuw gevormd en opgebouwd wordt, nu steeds meer mensen van de spirituele leringen leren zoals die gepropageerd worden door de bezoekers en nu steeds meer mensen inschikkelijk worden en minder in staat om onderscheid te maken.

Wij zijn op verzoek van de Ongezienen gekomen om te dienen in de hoedanigheid van waarnemers. Mochten wij succes hebben, dan zullen wij slechts zo lang in de buurt van jullie wereld blijven als nodig is om door te gaan met het geven van deze informatie. Daarna zullen we terugkeren naar onze eigen werelden. Mochten wij falen en mocht het tij zich tegen de mensheid keren en mocht de grote duisternis over de wereld komen, de duisternis van dominantie, dan zullen we moeten vertrekken, terwijl onze missie onaf is. Hoe dan ook, wij kunnen niet bij jullie blijven, maar als het er veelbelovend uit ziet dan zullen wij blijven tot jullie veilig zijn, totdat jullie voor jezelf kunnen zorgen. Hierbij inbegrepen is de eis dat jullie zelfvoorzienend moeten zijn. Mochten jullie afhankelijk worden van handel met andere rassen, dan creëert dit een zeer groot risico op manipulatie van buitenaf, want de mensheid is nog niet sterk genoeg om de kracht van de Mentale Omgeving te weerstaan, die hier uitgeoefend kan worden en hier al uitgeoefend wordt.

De bezoekers zullen proberen de indruk te wekken dat zij de "bondgenoten van de mensheid" zijn. Ze zullen beweren dat zij hier zijn om de mensheid van zichzelf te redden, dat alleen zij de grote hoop kunnen bieden die de mensheid zichzelf niet kan bieden, dat alleen zij echte orde en harmonie in de wereld kunnen vestigen. Maar deze orde en deze harmonie zullen die van hen zijn, niet die van jullie. En jullie zullen niet kunnen genieten van de vrijheid die zij beloven.

Manipulatie van Religieuze Tradities en Geloven

Teneinde de huidige activiteiten van de bezoekers in de wereld te begrijpen, moeten wij meer informatie verschaffen over hun invloed op instellingen en waarden van wereldgodsdiensten en over de fundamentele spirituele impulsen die eigen zijn aan jullie aard en die, in veel gevallen, eigen zijn aan intelligent leven in vele delen van de Grotere Gemeenschap.

Wij moeten beginnen met te zeggen dat de activiteiten die de bezoekers op dit moment in de wereld uitvoeren, eerder al vele malen op veel plaatsen bij verschillende culturen in de Grote Gemeenschap uitgevoerd zijn. Jullie bezoekers zijn niet de grondleggers van deze activiteiten maar gebruiken ze slechts naar eigen inzicht en hebben ze vele malen eerder gebruikt.

Het is voor jullie belangrijk te weten dat vaardigheden met betrekking tot beïnvloeding en manipulatie tot op zeer hoog niveau zijn ontwikkeld zijn in de

Grotere Gemeenschap. Als rassen meer bedreven en technologisch meer capabel worden, oefenen zij subtielere en meer diepgaande manieren van invloed uit op elkaar. Mensen zijn tot nu toe slechts tot onderlinge concurrentie geëvolueerd, dus jullie hebben dit aanpassingsvoordeel nog niet. Dit feit op zich is een van de redenen waarom wij dit materiaal aan jullie presenteren. Jullie beginnen aan een volledige nieuwe reeks omstandigheden die de cultivering van jullie inherente vermogens vereisen, evenals het aanleren van nieuwe vaardigheden.

Alhoewel de mensheid een unieke situatie vertegenwoordigt, is opkomen in de Grotere Gemeenschap al ontelbare malen eerder gebeurd bij andere rassen. Daarom, wat jullie aangedaan wordt, is eerder ten uitvoer gebracht. Het is in hoge mate ontwikkeld en wordt nu aan jullie leven en jullie situatie aangepast met volgens ons relatief gemak.

Het Pacificatie Programma dat hier toegepast wordt door de bezoekers maakt dit ten dele mogelijk. Het verlangen naar vreedzame relaties en het verlangen om oorlog en conflict te vermijden zijn lovenswaardig, maar kunnen en worden inderdaad tegen jullie gebruikt. Zelfs jullie meest nobele impulsen kunnen voor andere doeleinden worden gebruikt. Jullie hebben dit in jullie eigen geschiedenis, in jullie eigen natuur en in jullie eigen gemeenschappen gezien. Vrede kan alleen gevestigd worden op een solide basis van wijsheid, samenwerking en echte bekwaamheid.

De mensheid is van nature begaan met het opbouwen van vreedzame relaties tussen haar eigen stammen en naties. Nu heeft zij echter een grotere reeks problemen en uitdagingen. Wij beschouwen deze als kansen voor jullie ontwikkeling, want alleen de uitdaging van opkomen in de Grotere Gemeenschap zal de wereld verenigen en jullie de basis geven om deze eenheid authentiek, sterk en effectief te laten zijn.

Daarom: wij zijn niet gekomen om jullie religieuze instellingen te bekritiseren of jullie meest elementaire impulsen en waarden, maar om te illustreren hoe zij tegen jullie gebruikt worden door die buitenaardse rassen die zich in jullie wereld inmengen. En als het binnen onze macht ligt, willen wij graag het juiste gebruik van jullie gaven en jullie verrichtingen aanmoedigen voor het behoud van jullie wereld, jullie vrijheid en jullie rechtschapenheid als ras binnen een context van de Grotere Gemeenschap.

De bezoekers zijn principieel praktisch in hun benadering. Dit is zowel een kracht als een zwakte. Als wij hen observeren, zowel hier als elders, zien wij dat het moeilijk voor hen is om van hun plannen af te wijken. Ze kunnen zich niet goed aanpassen aan verandering, noch kunnen zij erg effectief met complexiteit omgaan. Daarom voeren zij hun plannen op een welhaast zorgeloze manier uit, want zij denken dat zij het recht hiertoe hebben en dat zij in het voordeel zijn. Zij geloven niet dat de mensheid verzet tegen hen zal organiseren, – tenminste geen verzet waar ze echt last van zullen hebben. En zij denken dat hun geheimen en hun agenda goed beschermd zijn en zich voorbij het menselijke begripsvermogen bevinden.

In dit licht bezien maakt onze activiteit - het presenteren van dit materiaal aan jullie - ons hun vijanden, zeker in hun ogen.

Van ons uit gezien, echter, proberen wij alleen maar hun invloed te compenseren en jullie het begrip te geven dat jullie nodig hebben en het perspectief waar jullie op moeten vertrouwen om jullie vrijheid als ras te behouden en om om te kunnen gaan met de realiteit van de Grotere Gemeenschap.

Omdat ze praktisch zijn in hun aanpak wensen zij hun doelstellingen met de grootst mogelijke efficiëntie te bereiken. Zij willen de mensheid verenigen maar alleen in overeenstemming met hun eigen deelname en activiteiten in de wereld. Voor hen is de menselijke eenheid slechts een praktische aangelegenheid. Zij stellen diversiteit in culturen niet op prijs; en zij stellen het zeker niet binnen hun eigen culturen op prijs. Daarom zullen zij, overal waar zij hun invloed uitoefenen, proberen het uit te roeien of, indien mogelijk te minimaliseren.

In onze vorige verhandeling spraken wij over de invloed van de bezoekers op nieuwe vormen van spiritualiteit – op nieuwe ideeën en nieuwe uitdrukkingsvormen van de goddelijkheid van de mens en de menselijke aard die in deze tijd in de wereld zijn. In onze discussie willen wij ons nu graag richten op de traditionele waarden en instellingen die jullie bezoekers proberen te beïnvloeden en op dit moment al aan het beïnvloeden zijn.

In hun poging uniformiteit en conformiteit te promoten zullen de bezoekers vertrouwen op die instellingen en die waarden waarvan zij denken dat die het meest stabiel en het meest praktisch zijn voor hun gebruik. Zij zijn niet geïnteresseerd in jullie ideeën en zij zijn niet geïnteresseerd in jullie waarden, behalve voor zover deze zaken hun agenda dienen. Maak jezelf niets wijs door te denken dat zij spiritueel tot jullie aangetrokken zijn, want zij zelf ontberen zulke zaken. Dit zou dwaas zijn en misschien een fatale vergissing. Denk niet dat zij gecharmeerd zijn van jullie leven en van die zaken die jullie intrigerend vinden. Want slechts in uitzonderlijke gevallen zullen jullie in staat zijn hen op deze manier te beïnvloeden. Alle natuurlijke nieuwsgierigheid is uit hen gefokt en er blijft slechts heel weinig over. Er is in feite erg weinig van wat jullie "Geest" zouden noemen en wat wij "Varne" of de "Weg van Inzicht" zouden noemen. Zij worden onder controle gehouden en controleren zelf en volgen denk- en gedragspatronen die stevig verankerd en streng geconsolideerd zijn. Het kan lijken dat zij zich in jullie ideeën inleven, maar dat is enkel om jullie loyaliteit te winnen.

In traditionele religieuze instellingen in de wereld zullen zij proberen die waarden en die fundamentele overtuigingen te gebruiken die in de toekomst van pas kunnen komen om jullie loyaal te maken aan hen. Laten wij jullie enkele voorbeelden geven, afkomstig van zowel onze eigen observaties als van het inzicht dat de Ongezienen ons in de loop van de tijd gegeven hebben.

Velen in jullie wereld volgen het Christelijke geloof. We vinden dit bewonderenswaardig, alhoewel dit zeker niet de enige benadering is van de fundamentele vragen over spirituele identiteit en zin van het leven. De bezoekers zullen het fundamentele idee van toewijding aan een enkele leider gebruiken teneinde loyaliteit te genereren aan hun zaak. Binnen de context van deze religie zal de identificatie met Jezus de Christus erg veel gebruikt worden. De hoop en de belofte van zijn wederkeer in de wereld biedt jullie bezoekers een perfecte gelegenheid, zeker op dit keerpunt in het millennium.

Wij begrijpen dat de ware Jezus niet terug zal keren in de wereld, omdat hij samenwerkt met de Ongezienen en de mensheid dient en evengoed andere rassen. Degene die zijn naam zal komen opeisen zal van de Grotere Gemeenschap komen. Hij zal iemand zijn die voor dit doel geboren en gekweekt is door de collectieven die nu in de wereld zijn. Hij zal menselijk lijken en zal significante talenten hebben vergeleken met wat jullie op dit moment kunnen bewerkstelligen. Hij zal compleet altruïstisch lijken. Hij zal in staat zijn daden te verrichten die ofwel angst ofwel diep ontzag inboezemen. Hij zal in staat zijn beelden te projecteren van engelen, demonen of wat dan ook waarvan zijn superieuren willen dat jullie ze zien. Hij zal spirituele krachten lijken te bezitten. Niettemin zal hij uit de Grotere Gemeenschap komen en zal hij deel uitmaken van het collectief. En hij zal vertrouwen winnen om hem te volgen. Uiteindelijk zal hij, voor diegenen die hem niet kunnen volgen hun verwijdering of hun vernietiging aanmoedigen.

De bezoekers maakt het niet uit hoeveel van jullie mensen vernietigd worden, zolang zij maar een essentiële getrouwheid onder de meerderheid hebben.

Daarom zullen de bezoekers zich richten op die essentiële ideeën die hen deze autoriteit en invloed verlenen.

Een Tweede Komst dan wordt voorbereid door jullie bezoekers. Het bewijs hiervoor begrijpen wij is reeds in de wereld. Mensen realiseren zich de aanwezigheid van de bezoekers, of de aard van de realiteit in de Grotere Gemeenschap niet en dus zullen zij op een natuurlijke manier hun eerdere ideeën zonder vragen accepteren, denkend dat de tijd gekomen is voor de grote terugkeer van hun Redder en hun Meester. Maar hij die zal komen, zal niet van de Hemelse Schare afkomstig zijn, hij zal niet Kennis of de Ongezienen vertegenwoordigen en hij zal niet de Schepper of de wil van de Schepper vertegenwoordigen. Wij hebben het ontwerp van dit plan gezien in de wereld. Wij hebben eveneens gelijksoortige plannen gezien die uitgevoerd werden in andere werelden.

In andere religieuze tradities zal uniformiteit door de bezoekers aangemoedigd worden – hetgeen jullie een fundamentalistische religie zouden kunnen noemen, gebaseerd op loyaliteit aan de autoriteiten en gebaseerd op inschikkelijkheid aan de instelling. Dit dient de bezoekers. Zij zijn niet geïnteresseerd in de ideologie en waarden van jullie religieuze tradities, alleen in hun bruikbaarheid. Hoe meer mensen hetzelfde denken, hetzelfde handelen en op een voorspelbare manier reageren, hoe bruikbaarder zij zijn voor de collectieven. Deze conformiteit wordt bevorderd in veel verschillende tradities. De bedoeling hier is niet om ze allemaal gelijk te maken, maar om ze van binnen ongecompliceerd te krijgen.

In een deel van de wereld zal de ene religieuze ideologie de overhand krijgen; in een ander deel van de wereld zal een andere religieuze ideologie de overhand hebben. Dit is heel erg handig voor jullie bezoekers, want het maakt hen niet uit dat er meer dan een religie bestaat, zolang er maar orde, conformiteit en loyaliteit is. Omdat ze zelf geen religie hebben die jullie ook maar een enigszins zouden kunnen volgen of waarmee jullie je zouden kunnen identificeren, zullen zij die van jullie gebruiken om hun eigen waarden te creëren. Want zij waarderen alleen volledige trouw aan hun zaak en aan de collectieven en willen jullie volledige loyaliteit bij jullie medewerking, op manieren die zij voorschrijven. Zij zullen jullie verzekeren dat dit vrede en verlossing in de wereld zal brengen en de wederkeer van welk religieus beeld of personage dan ook dat hier als meest waardevol beschouwd wordt.

Dat wil niet zeggen dat fundamentalistische religie aangestuurd wordt door buitenaardse mogendheden, want wij begrijpen dat fundamentalistische religie stevig gegrondvest is in jullie wereld. Wat wij hier bedoelen is dat impulsen hiervoor en de mechanismen hiervoor door de bezoekers ondersteund en voor hun eigen doeleinden gebruikt zullen worden. Daarom moet elke ware gelovige binnen zijn traditie er zorg voor dragen dat deze invloeden opgespoord en indien mogelijk tegengegaan worden. Hier proberen de bezoekers niet de gewone man in de wereld te overtuigen, maar de leiding.

De bezoekers geloven stellig dat als zij niet tijdig ingrijpen de mensheid de wereld en zichzelf zal vernietigen. Dit is niet gebaseerd op waarheid; het is slechts een aanname. Alhoewel de mensheid zelfvernietiging riskeert is dit niet noodzakelijkerwijs jullie lot. Maar de collectieven geloven dat dit wel zo is, en dus moeten zij met spoed handelen en hun overredingsprogramma's grote nadruk geven. Degenen die overtuigd kunnen worden, zullen als bruikbaar worden beoordeeld; degenen die niet overtuigd kunnen worden zullen terzijde geschoven en buitengesloten worden. Zouden de bezoekers sterk genoeg worden om volledige controle over de wereld te krijgen, dan zullen degenen die zich niet kunnen conformeren eenvoudig geëlimineerd worden. Echter zullen de bezoekers de vernietiging niet zelf uitvoeren. Het zal uitgevoerd worden via die individuen die volledig in hun ban zijn geraakt.

Dit is een verschrikkelijk scenario, begrijpen wij, maar er moet geen verwarring heersen als jullie willen begrijpen en ontvangen wat wij tot uitdrukking brengen in onze boodschappen aan jullie. Het is niet de vernietiging van de mensheid, het is de integratie van de mensheid die de bezoekers proberen te bereiken. Zij zullen zich voor dit doel met jullie kruisen. Zij zullen proberen jullie religieuze impulsen en instellingen een nieuwe richting te geven voor dit doel. Zij zullen zichzelf in deze wereld clandestien vestigen voor dit doel. Zij zullen regeringen en regeringsleiders beïnvloeden voor dit doel. Zij zullen krijgsmachten in de wereld beïnvloeden voor dit doel. De bezoekers hebben er alle vertrouwen in dat zij succesvol kunnen zijn, omdat zij zien dat de mensheid tot nu toe nog niet genoeg verzet heeft georganiseerd om hun maatregelen teniet te doen of hun agenda te neutraliseren.

Om dit tegen te gaan moeten jullie de Weg van Kennis van de Grotere Gemeenschap leren. Elk vrij ras in het universum moet de Weg van Kennis leren, hoe het zich ook manifesteert binnen hun eigen cultuur. Dit is de bron van individuele vrijheid. Dit is wat het mogelijk maakt voor individuen en samenlevingen om echte integriteit te bezitten en om de nodige wijsheid te hebben zodat men met de invloeden die Kennis tegenwerken om kan gaan, zowel in hun eigen werelden als binnen de Grotere

Gemeenschap. Daarom is het nodig om nieuwe wegen te leren, want jullie treden een nieuwe situatie binnen met nieuwe krachten en nieuwe invloeden. Inderdaad, dit is niet zomaar een of ander toekomstig vooruitzicht maar een onmiddellijke uitdaging. Leven in het universum wacht niet tot jullie zo ver zijn. Dingen zullen gebeuren of jullie nu voorbereid zijn of niet. Jullie zijn bezocht zonder jullie goedkeuring en zonder jullie toestemming. En jullie fundamentele rechten worden geschonden in veel hogere mate dan jullie je eigenlijk realiseren.

Om deze reden zijn wij gestuurd, niet alleen om onze zienswijze en onze aanmoediging te brengen, maar ook om een roeping, een waarschuwing te laten klinken, teneinde bewustzijn en betrokkenheid te stimuleren. Wij hebben eerder gezegd dat wij jullie ras niet kunnen redden door een militaire interventie. Dat is niet onze rol. En zelfs als we dit zouden proberen en genoeg krachten verzameld hadden om zo'n agenda uit te voeren, zou jullie wereld vernietigd worden. Wij kunnen alleen adviseren.

Jullie zullen in de toekomst intense religieuze overtuiging meemaken, die op gewelddadige manier tot uiting komt, en die begaan wordt tegen mensen die het er niet mee eens zijn, en tegen minder machtige naties en het zal gebruikt worden als aanvals- en vernietigingswapen. De bezoekers zouden het liefst zien dat jullie religieuze instellingen de naties zouden regeren. Hiertegen moeten jullie je verzetten. De bezoekers zouden het liefst hebben dat religieuze waarden door iedereen gedeeld zouden worden, want zo groeien hun arbeidskrachten en wordt hun taak gemakkelijker. In al haar uitingen komt zo'n invloed neer op acceptatie en onderwerping – onderwerping van de wil, onderwerping van wilskracht, onderwerping van iemands leven en talenten. Maar dit zal worden aangekondigd als een groot succes voor de mensheid, een enorme vooruitgang in de samenleving, een nieuwe eenwording van het menselijk ras, een nieuwe hoop op vrede en harmonie, een overwinning van de menselijke geest op de menselijke instincten.

Daarom komen wij met ons advies en moedigen jullie aan om je te onthouden van het nemen van onverstandige beslissingen, van het overgeven van jullie leven aan zaken die jullie niet begrijpen en van het opgeven van jullie onderscheidingsvermogen en jullie discretie ten gunste van wat voor beloning dan ook die in het vooruitzicht wordt gesteld. En wij moeten jullie aanmoedigen om Kennis binnenin jullie zelf niet te verloochenen; dit is de spirituele intelligentie waarmee jullie geboren werden; zij bevat nu jullie enige en grootste belofte.

Als jullie dit horen zullen jullie misschien het universum zien als een plaats die verstoken is van Genade. Misschien worden jullie cynisch en bang, denkend dat hebzucht iets universeels is. Maar dit is niet het geval. Wat nu nodig is, is dat jullie sterk worden, sterker dan jullie zijn, sterker dan jullie geweest zijn. Ga pas over tot communicatie met hen die zich in jullie wereld inmengen als jullie deze kracht bezitten. Open jullie geest en jullie hart niet voor bezoekers van buiten jullie wereld, want zij komen hier om hun eigen redenen. Denk niet dat zij jullie religieuze profetieën of jullie grootste idealen komen vervullen, want dat is een waandenkbeeld.

Er bestaan grote spirituele krachten in de Grotere Gemeenschap - individuen en zelfs naties die een zeer hoge staat van voleindiging hebben bereikt, ver voorbij wat de mensheid tot nu toe gedemonstreerd heeft. Maar zij komen niet om de macht over te nemen op andere werelden. Zij vertegenwoordigen geen politieke of economische machten in het universum. Zij zijn niet betrokken bij handel buiten het voorzien in de eigen basisbehoeften. Zij reizen zelden, uitgezonderd in noodgevallen.

Afgezanten worden gestuurd om diegenen te helpen die opkomen in de Grotere Gemeenschap, afgezanten zoals wijzelf. En er bestaan ook spirituele afgezanten – de kracht van de Ongezienen, die kunnen spreken tot diegenen die klaar zijn om te ontvangen en die blijk geven van een goed hart en grote belofte. Zo werkt God in het universum.

Jullie gaan een moeilijke nieuwe leefwereld binnen. Jullie wereld is van grote waarde voor anderen. Jullie zullen haar moeten beschermen. Jullie zullen duurzaam moeten omgaan met jullie hulpbronnen zodat jullie geen behoefte hebben aan of afhankelijk worden van handel met andere mogendheden voor jullie essentiële levensbehoeften. Als jullie niet duurzaam omgaan met jullie hulpbronnen zullen jullie veel van jullie vrijheid en onafhankelijkheid op moeten geven.

Jullie spiritualiteit moet gegrond zijn. Zij moet op echte ervaring gebaseerd zijn, want waarden en overtuigingen, rituelen en tradities kunnen gebruikt worden en worden gebruikt door jullie bezoekers voor hun eigen doeleinden.

Hier kunnen jullie beginnen te zien dat jullie bezoekers in sommige gebieden erg kwetsbaar zijn. Laten wij dit hier verder onderzoeken. Als individu hebben zij een erg zwakke wil en hebben ze moeite om met complexiteiten om te gaan. Zij begrijpen jullie spirituele natuur niet. En zij begrijpen zeker de impulsen vanuit Kennis niet. Hoe sterker jullie zijn met Kennis, hoe onverklaarbaarder jullie worden, hoe moeilijker jullie te controleren zijn en hoe minder bruikbaar jullie voor hen en hun integratieprogramma worden. Hoe sterker jullie individueel met Kennis zijn hoe meer moeite zij met jullie hebben. Hoe meer individuen sterk worden met Kennis, hoe moeilijker het voor de bezoekers is om ze te isoleren.

De bezoekers zijn fysiek niet sterk. Hun kracht ligt in de Mentale Omgeving en in het gebruik van hun technologie. Hun aantal is klein vergeleken met jullie. Zij vertrouwen volledig op jullie instemming en zij zijn overdreven zelfverzekerd dat zij zullen slagen. Uitgaand van hun ervaring tot dusverre heeft de mensheid geen significante tegenstand geboden. Hoe sterker jullie echter zijn met Kennis, hoe meer jullie een kracht worden die interventie en manipulatie tegenwerkt en hoe meer jullie een kracht voor vrijheid en integriteit worden voor jullie ras.

Ofschoon misschien niet velen van jullie onze boodschap kunnen horen, jullie reactie is belangrijk. Misschien is het gemakkelijk om onze aanwezigheid en onze realiteit te ontkennen en tegen onze boodschap in te gaan, toch spreken wij in overeenstemming met Kennis. Daarom kan hetgeen wij zeggen gekend worden binnenin jullie, als jullie de vrijheid hebben om het te weten.

Wij begrijpen dat wij vele overtuigingen en gewoontes op de proef stellen in onze voordracht. Zelfs onze aanwezigheid hier zal onverklaarbaar lijken en zal door velen verworpen worden. Toch kunnen onze woorden en onze boodschap met jullie resoneren omdat wij met Kennis spreken. De kracht van de waarheid is de grootste kracht in het universum. Zij heeft de kracht om te bevrijden. Zij heeft de kracht om te verlichten. En zij heeft de macht om kracht en zelfvertrouwen te geven aan diegenen die haar nodig hebben.

Ons is verteld dat het menselijk geweten erg gewaardeerd wordt alhoewel het misschien niet altijd gevolgd wordt. Dit is hetgeen wij bedoelen als wij praten over De Weg van Kennis. Het is fundamenteel voor al jullie ware spirituele impulsen. Het is reeds inbegrepen in jullie religies. Het is niet nieuw voor jullie. Het moet echter op waarde geschat worden, anders zullen onze inspanningen en de inspanningen van de Ongezienen om de mensheid voor te bereiden op de Grotere Gemeenschap geen kans van slagen hebben. Er zullen dan te weinig mensen reageren. En de waarheid zal een last voor ze zijn, want zij zullen niet in staat zijn om haar effectief te delen.

Daarom komen wij niet om jullie religieuze instellingen en gebruiken te bekritiseren, maar alleen om te schetsen hoe zij tegen jullie gebruikt kunnen worden. Wij zijn hier niet om ze te vervangen of te weerspreken, maar enkel om te laten zien hoe ware integriteit deze instellingen en gebruiken moet doordringen zodat zij jullie op een zuivere manier kunnen dienen.

In de Grotere Gemeenschap wordt spiritualiteit vorm gegeven in wat wij Kennis noemen, met Kennis bedoelen wij de intelligentie van de Geest, en het zich roeren van de Geest binnenin je. Dit geeft je de macht om te weten in plaats van slechts te geloven. Dit maakt je immuun voor overreding en manipulatie, want Kennis kan niet gemanipuleerd worden door welke wereldlijke macht of kracht dan ook. Dit blaast leven in jullie religies en geeft hoop voor jullie lot.

Voor ons gelden deze ideeën, want zij zijn fundamenteel. Maar de collectieven kennen ze niet en zou je de collectieven tegen het lijf lopen of zelfs in hun aanwezigheid zijn en zou je de kracht bezitten om je eigen denkwereld te behouden dan zullen jullie dat zelf inzien.

Ons is verteld dat veel mensen in de wereld zichzelf over willen geven, zichzelf weg willen geven aan een grotere macht in het leven. Dit is niet uniek voor de mensenwereld, maar in de Grotere Gemeenschap leidt zo'n zienswijze tot slavernij. Wij begrijpen dat in jullie wereld, voordat de bezoekers in zulke getale hier waren, zo'n zienswijze vaak tot slavernij heeft geleid. Maar in de Grotere Gemeenschap zijn jullie kwetsbaarder en moeten jullie wijzer, voorzichtiger en meer zelfvoorzienend zijn. Roekeloosheid brengt hier een hoge prijs en grote rampspoed met zich mee.

Als jullie gehoor kunnen geven aan Kennis en de Weg van Kennis van de Grotere Gemeenschap kunnen leren, zullen jullie deze zaken zelf kunnen zien. Dan zullen jullie onze woorden bevestigen in plaats van ze alleen maar te geloven of ze te ontkennen. De Schepper maakt dit mogelijk, want de Schepper wil dat de mensheid zich voorbereidt op de toekomst. Daarom zijn wij gekomen. Daarom observeren wij en hebben wij nu de mogelijkheid om dat wat we zien te rapporteren.

De religieuze tradities van de wereld pleiten voor jullie in hun essentiële leringen. Via de Ongezienen hebben wij de kans gekregen om over ze te leren. Maar zij houden ook een essentiële zwakte in. Als de mensheid alerter zou zijn en de realiteit van het leven in de Groter Gemeenschap en de betekenis van een voortijdig bezoek zou begrijpen, zou jullie risico niet zo groot zijn als het nu is. Jullie hopen en verwachten dat zo'n bezoek grote beloningen zal brengen en een vervulling voor jullie zal zijn. Maar jullie zijn nog niet in staat geweest om de realiteit van de Grotere Gemeenschap te leren kennen of de grote machten die in interactie zijn met jullie wereld. Jullie hebben geen baat bij te weinig inzicht en voorbarig vertrouwen in de bezoekers.

Om deze reden blijven de Wijzen overal in de Grotere Gemeenschap verborgen. Zij zijn niet op zoek naar handel in de Grotere Gemeenschap. Zij willen geen deel uitmaken van gildes of handelscoöperaties. Zij zijn niet op zoek naar diplomatieke betrekkingen met veel werelden. Hun netwerk van getrouwen is meer mysterieus, meer spiritueel van aard. Zij begrijpen het risico en de moeilijkheden van het blootstaan aan de realiteit van het leven in het fysieke universum. Zij houden hun isolement in stand en blijven alert aan hun grenzen. Zij proberen alleen hun wijsheid te vergroten op manieren die minder fysiek van aard zijn.

In jullie eigen wereld, zien jullie dit misschien tot uitdrukking gebracht door hen die de meeste wijsheid bezitten, die het meest getalenteerd zijn: zij zijn niet op zoek naar persoonlijk commercieel voordeel en houden zich niet bezig met verleiding en manipulatie. Jullie eigen wereld vertelt jullie zoveel. Jullie eigen geschiedenis vertelt jullie zoveel en illustreert, hoewel op kleinere schaal, alles wat wij hier aanraden.

Dus is het onze bedoeling om jullie niet alleen te waarschuwen voor de ernst van jullie situatie maar ook om jullie, als we kunnen, te voorzien van een ruimer beeld en begrip van het leven, dat jullie nodig zullen hebben. En wij vertrouwen erop dat er genoeg zullen zijn die deze woorden kunnen horen en gehoor kunnen geven aan de grootsheid van Kennis. Wij hopen dat er mensen zullen zijn die kunnen erkennen dat onze boodschappen hier niet zijn om angst en paniek te zaaien, maar om verantwoordelijkheid te genereren en betrokkenheid voor het behoud van vrijheid en goedheid in jullie wereld.

Als de mensheid zou falen in het bestrijden van de Interventie, dan kunnen wij een beeld schilderen van wat dit zou betekenen. Wij hebben dit elders gezien, want ieder van ons kwam binnen onze eigen werelden daar dicht in de buurt. Als deel van het collectief zal de planeet Aarde om haar grondstoffen geëxploiteerd worden, de mensen bijeengedreven om te werken en rebellen en ketters zullen ofwel buitengesloten ofwel vernietigd worden. De wereld zal intact gehouden worden vanwege haar landbouw- en mijnbelangen. Menselijke gemeenschappen zullen blijven bestaan, maar enkel ondergeschikt aan machten van buiten jullie wereld. En zou de wereld niet langer bruikbaar zijn zouden al haar grondstoffen helemaal verbruikt zijn, dan zullen jullie beroofd achtergelaten worden. Het levensondersteunend systeem op jullie wereld zou jullie ontnomen zijn; de bestaansmiddelen om te overleven zouden gestolen zijn. Dit is eerder gebeurd op veel andere plaatsen.

In het geval van deze wereld, zouden de collectieven ervoor kunnen kiezen om deze wereld te behouden voor verder gebruik als een strategische post en als biologisch pakhuis. Maar de menselijke bevolking zou vreselijk lijden onder zo'n tiranniek bewind. De menselijke bevolking zou gereduceerd worden. Het beheer over de mensheid zou gegeven worden aan diegenen die speciaal gekweekt zijn om het menselijk ras een nieuwe orde binnen te leiden. Menselijke vrijheid zoals jullie het kennen zou niet langer bestaan en jullie zouden lijden onder het gewicht van buitenaards bewind, een bewind dat wreed en veeleisend zou zijn.

Er zijn veel collectieven in de Grotere Gemeenschap. Sommigen zijn groot; sommigen zijn klein. Sommigen zijn meer ethisch in hun tactiek; velen niet. Binnen het kader waarin zij onderling concurreren voor kansen, zoals het bewind over jullie wereld, kunnen gevaarlijke activiteiten doorgevoerd worden. Wij moeten dit voorbeeld geven zodat er geen twijfel bestaat over wat wij zeggen. De keuzes voor jullie zijn zeer beperkt, maar zeer fundamenteel.

Jullie moeten daarom begrijpen dat, gezien vanuit het perspectief van jullie bezoekers, jullie allemaal stammen zijn die bestuurd en onder controle gehouden moeten worden teneinde de belangen van de bezoekers te dienen. Hiervoor zullen jullie religies en een bepaald gedeelte van jullie sociale realiteit behouden blijven. Maar jullie zullen heel veel verliezen. En veel zal verloren zijn voordat jullie je realiseren wat jullie afgenomen is. Daarom kunnen wij slechts pleiten voor alertheid, verantwoordelijkheid en leergierigheid - de belofte dat jullie zullen leren over het leven in de Grotere Gemeenschap, leren hoe jullie jullie eigen cultuur en jullie eigen realiteit kunnen behouden binnen een grotere omgeving en leren zien wie hier zijn om jullie van dienst te zijn en hen te onderscheiden van diegenen die dat niet zijn. Dit groter onderscheidingsvermogen is heel erg nodig in de wereld, ook voor het oplossen van jullie eigen problemen. Maar met betrekking tot jullie overleving en welzijn in de Grotere Gemeenschap is het absoluut onmisbaar.

Daarom moedigen wij jullie aan om moedig te zijn. Wij moeten nog meer met jullie delen.

Drempel: Een Nieuwe Belofte voor de Mensheid

O m jullie voor te kunnen bereiden op de buitenaardse aanwezigheid die in de wereld is, is het
noodzakelijk meer te leren over het leven in de Grotere
Gemeenschap, leven dat jullie wereld in de toekomst zal
omhullen, leven waar jullie deel van uit zullen maken.

Het is altijd de bestemming van de mensheid geweest
om een deel te worden van in een Grotere Gemeenschap
van intelligent leven. Dit is onontkoombaar en gebeurt in
alle werelden waar intelligent leven gezaaid en ontwikkeld
is. Uiteindelijk zouden jullie je realiseren dat jullie in een
Grotere Gemeenschap geleefd hebben. En ook zouden
jullie ontdekt hebben dat jullie niet alleen waren in jullie
eigen wereld, dat er bezoek gaande was en dat jullie
zullen moeten leren omgaan met uiteenlopende rassen,
krachten, overtuigingen en standpunten die gangbaar zijn
in de Grotere Gemeenschap waarin jullie leven.

Opkomen in de Grotere Gemeenschap is jullie bestemming. Jullie isolement is nu voorbij. Hoewel jullie wereld in het verleden vaak is bezocht, is jullie staat van afzondering tot een einde gekomen. Nu is het noodzaak voor jullie om je te realiseren dat jullie niet meer alleen zijn – in het universum of zelfs in jullie eigen wereld. Dit inzicht wordt verder uiteengezet in de Leer van de Spiritualiteit uit de Grotere Gemeenschap die op dit moment in de wereld gepresenteerd wordt. Onze rol hier is het leven te beschrijven zoals het bestaat in de Groter Gemeenschap zodat jullie een diepgaander inzicht kunnen krijgen in het grotere panorama van leven waarvan jullie nu deel gaan uitmaken. Dit is noodzakelijk zodat jullie deze nieuwe realiteit met meer objectiviteit, begrip en wijsheid kunnen benaderen. De mensheid heeft zo lang in een relatieve afzondering geleefd dat het normaal is voor jullie ervan uit te gaan dat de rest van het universum functioneert volgens de ideeën, principes en wetenschap die jullie als heilig beschouwen en waarop jullie jullie activiteiten en jullie perceptie van de wereld baseren.

De Grotere Gemeenschap is immens. Haar uiterste grenzen zijn nooit verkend. Zij is groter dan enig ras kan bevatten. Binnen deze schitterende schepping, bestaat intelligent leven op elk trede van evolutie en in ontelbare uitingsvormen. Jullie wereld bevindt zich in een deel van de Grotere Gemeenschap dat tamelijk dicht bevolkt is. Er zijn veel gebieden in de Grotere Gemeenschap die nooit verkend zijn en andere gebieden waar rassen in het geheim leven. Alles bestaat in de Grotere Gemeenschap in termen van manifestatie van leven. En hoewel het leven zoals wij het hebben beschreven moeilijk en uitdagend lijkt, werkt de Schepper overal en roept de afgescheidenen terug via Kennis.

In de Grotere Gemeenschap kan niet één religie, één ideologie of één bestuursvorm bestaan, die aangepast kan worden aan alle rassen en alle mensen. Daarom, als wij over religie praten, hebben wij het over de spiritualiteit van Kennis, want dit is de kracht en aanwezigheid van Kennis die zich bevindt in alle intelligent leven – binnenin jullie, binnenin jullie bezoekers en binnenin andere rassen die jullie in de toekomst zullen ontmoeten.

Als gevolg hiervan wordt universele spiritualiteit het punt waarop gefocust wordt. Het brengt de uiteenlopende opvattingen en ideeën die in jullie wereld gangbaar zijn samen en geeft jullie spirituele realiteit een gedeelde basis. Toch is de studie van Kennis niet alleen leerzaam, zij is in de Grotere Gemeenschap essentieel om te overleven en vooruit te komen. Om in staat te zijn jullie vrijheid en onafhankelijkheid in de Grotere Gemeenschap te vestigen en te behouden, moeten jullie deze grotere vaardigheid bij genoeg mensen in jullie wereld ontwikkelen. Kennis is het enige deel van jullie dat niet gemanipuleerd of beïnvloed kan worden. Het is de bron van alle wijze inzichten en actie. In de leefwereld van de Grotere Gemeenschap wordt het zelfs noodzakelijk, tenminste als vrijheid gewaardeerd wordt en jullie je eigen lot willen bepalen zonder opgenomen te worden in een collectief of een andere gemeenschap.

Alhoewel wij een ernstige situatie in de wereld van vandaag beschrijven, brengen wij ook een belangrijk geschenk en een grote belofte voor de mensheid, want de Schepper zou jullie niet onvoorbereid in de Grotere Gemeenschap achterlaten, bij de allergrootste uitdaging waarmee jullie als ras geconfronteerd zullen worden. Wij zijn eveneens gezegend met dit geschenk. Het is reeds gedurende vele van jullie eeuwen in ons bezit. Wij hebben het moeten leren zowel uit vrije keuze als uit noodzaak.

Het is in feite de aanwezigheid en de kracht van Kennis die het ons mogelijk maakt om als jullie Bondgenoten te spreken en de informatie te verstrekken die wij in deze briefings geven. Hadden wij deze grote Openbaring nooit gevonden, dan zouden wij afgezonderd in onze eigen werelden zitten, niet in staat om de grotere krachten in het universum te begrijpen die onze toekomst en onze bestemming vorm geven. Want het geschenk dat nu in jullie wereld gegeven wordt, is aan ons gegeven en eveneens aan veel andere rassen die veelbelovend waren. Dit geschenk is bijzonder belangrijk voor opkomende rassen zoals dat van jullie, die zo'n belofte inhouden maar toch zo kwetsbaar zijn in de Grotere Gemeenschap.

Terwijl één enkele religie of ideologie in het universum niet mogelijk is, is er dus wel een universeel principe, een universeel idee en een universele spirituele realiteit die voor iedereen beschikbaar is. Zo compleet is zij dat zij kan spreken tot diegenen die aanzienlijk van jullie verschillen. Zij spreekt tot de diversiteit van het leven in al haar manifestaties. Jullie, die in jullie wereld leven, hebben nu de mogelijkheid om over zo'n grote realiteit te leren, om haar kracht en gratie voor jullie zelf te ervaren. Dit is uiteindelijk inderdaad het geschenk dat wij willen bekrachtigen, want zij zal jullie vrijheid en jullie zelfbeschikking in stand houden en zal de deur openen naar een grotere belofte in het universum.

Echter, jullie hebben in het begin met tegenstand en een grote uitdaging te maken. Dit vraagt van jullie om een diepere Kennis en een groter bewustzijn te leren. Als jullie deze uitdaging aangaan, dan is dat niet alleen gunstig voor jullie zelf, maar voor heel jullie ras.

De lering over de Spiritualiteit uit de Grotere Gemeenschap wordt op dit moment in de wereld gepresenteerd. Zij is hier nooit eerder gepresenteerd. Ze wordt gegeven via een persoon, die dient als intermediair en spreker voor deze Traditie. Zij wordt de wereld ingezonden in deze kritische tijd waarin de mensheid over haar leven in de Grotere Gemeenschap moet leren en over de grotere krachten die de wereld op dit moment vorm geven.

Alleen een onderricht en een begrippenkader van buiten de wereld kunnen jullie dit voordeel en deze voorbereiding geven.

Jullie zijn niet de enigen die zo'n grote taak op zich nemen, want anderen in het universum doen dit ook, zelfs in jullie ontwikkelingsfase. Jullie zijn slechts één van de vele rassen die in deze tijd opkomen in de Grotere Gemeenschap. Ieder ras is veel belovend maar ieder is ook kwetsbaar voor de moeilijkheden, uitdagingen en invloeden die in deze grotere leefwereld bestaan. Inderdaad hebben veel rassen hun vrijheid verloren zelfs voordat die verworven werd; ze werden een onderdeel van collectieven of commerciële gilden of ze eindigden als satellietstaten van grotere mogendheden.

Wij willen niet dat dit met de mensheid gebeurt, want dit zou een groot verlies betekenen. Om deze reden zijn wij hier. Om deze reden is de Schepper op dit moment actief in de wereld, door nieuw inzicht te brengen naar de menselijke familie. Het is tijd voor de mensheid om haar eindeloze onderlinge conflicten te beëindigen en zich voor te bereiden op de Grotere Gemeenschap.

Jullie leven in een gebied waar veel activiteiten plaatsvinden buiten de sfeer van jullie kleine zonnestelsel. Binnen dat gebied wordt handel gedreven langs specifieke wegen. Werelden staan in wisselwerking, wedijveren en botsen soms met elkaar. I Iedereen die commerciële belangen heeft zoekt kansen. Men is niet alleen op zoek naar hulpbronnen maar ook naar bondgenootschappen met werelden zoals die van jullie. Sommigen maken deel uit van grotere collectieven. Anderen onderhouden hun eigen bondgenootschappen op veel kleinere schaal. Werelden die in staat waren met succes op te komen in de Grotere Gemeenschap moesten in hoge mate hun zelfstandigheid en zelfvoorziening zien te behouden. Dit verlost hen van blootstelling aan andere krachten die er alleen op uit zijn hen uit te buiten en te manipuleren.

Het is inderdaad jullie onafhankelijkheid en het ontwikkelen van jullie bevattingsvermogen en eenheid die in de toekomst zeer essentieel worden voor jullie welzijn. En deze toekomst is niet ver weg, want de invloed van de bezoekers neemt nu al toe in jullie wereld. Veel individuen hebben reeds met hen ingestemd en dienen nu als afgezanten en tussenpersonen. Veel andere individuen dienen eenvoudig als middel voor hun genetisch programma. Zoals wij al gezegd hebben is dit vaak en op veel plaatsen gebeurd. Voor ons is het geen mysterie, alhoewel het voor jullie misschien onbegrijpelijk is.

De interventie is tegelijkertijd een ramp en een levens-belangrijke kans. Als jullie in staat zijn om te reageren, als jullie in staat zijn om je voor te bereiden, als jullie in staat zijn om de Kennis en Wijsheid van de Grotere Gemeenschap te leren, dan zullen jullie in staat zijn de krachten die ingrijpen in jullie wereld te neutraliseren en de basis te leggen voor een grotere eenheid onder jullie eigen volkeren en stammen. Wij moedigen dit natuurlijk aan want dit versterkt de band met Kennis overal.

In de Grotere Gemeenschap vindt oorlog op grote schaal zelden plaats. Er zijn inperkende krachten. Want één ding is zeker, oorlog verstoort de handel en het uitdiepen van hulpbronnen. Dus wordt grote naties niet toegestaan om roekeloos te handelen, want het belemmert of neutraliseert de doelstellingen van andere partijen, andere naties en andere geïnteresseerden. Van tijd tot tijd vinden er wel burgeroorlogen plaats in werelden, maar oorlogen op grote schaal tussen samenlevingen en tussen werelden zijn inderdaad zeldzaam. Dit is deels de reden dat vaardigheden in de Mentale Omgeving ontwikkeld werden, want naties beconcurreren elkaar wel degelijk en proberen elkaar te beïnvloeden. Aangezien niemand hulpbronnen en mogelijkheden wenst te vernietigen, worden deze grotere vaardigheden in veel samenlevingen in de Grotere Gemeenschap gecultiveerd met een verschillende mate van succes. Als dit soort invloeden aanwezig zijn is de noodzaak voor Kennis nog groter.

De mensheid is hier slecht op voorbereid. Maar vanwege jullie rijke spirituele erfgoed en de mate waarin op dit moment persoonlijke vrijheid bestaat binnen jullie wereld, stemt het hoopvol dat jullie in staat zullen zijn vooruitgang te boeken in dit grotere inzicht en daardoor jullie vrijheid veilig zullen stellen en behouden.

Er zijn andere restricties voor oorlog binnen de Grotere Gemeenschap. De meeste handelsnaties behoren tot grote gildes die wetgeving en gedragscodes voor hun leden hebben ingesteld. Dit functioneert als beperking op de activiteiten van velen die geweld zouden willen gebruiken om zich toegang te verwerven tot andere werelden en de hulpbronnen die zij bezitten. Als oorlog op grote schaal zou gaan plaatsvinden zouden veel rassen erbij betrokken raken en dit gebeurt niet vaak. Wij begrijpen dat de mensheid erg oorlogszuchtig is en zich conflict binnen de Grotere Gemeenschap voorstelt in termen van oorlog, maar in werkelijkheid zullen jullie zien dat dit nauwelijks getolereerd wordt en dat andere wegen van overreding worden toegepast in plaats van geweld.

Daarom komen jullie bezoekers niet zwaar bewapend naar jullie wereld. Zij komen niet met een grote militaire strijdmacht, want zij gebruiken de vaardigheden die hen eerder op andere manieren van dienst zijn geweest – vaardigheden in het manipuleren van gedachten, impulsen en emoties van degenen die zij ontmoeten. De mensheid is zeer kwetsbaar voor dit soort overtuigingskracht gezien de mate van bijgelovigheid, conflict en wantrouwen dat gangbaar is in de huidige tijd in jullie wereld.

Daarom, als jullie jullie bezoekers willen begrijpen en als jullie anderen die jullie in de toekomst gaan ontmoeten willen begrijpen, moeten jullie een meer volwassen benadering t.o.v. macht en invloed aannemen. Dit is een essentieel onderdeel van jullie scholing in de Grotere Gemeenschap. Een deel van de voorbereiding zal in het Onderricht van de Spiritualiteit uit de Grotere Gemeenschap gegeven worden, maar jullie moeten het ook via directe ervaring leren.

Momenteel, begrijpen wij, bestaat er bij veel mensen een zeer fantasievol beeld van de Grotere Gemeenschap. Er wordt aangenomen dat zij die technologisch ontwikkeld zijn ook spiritueel ontwikkeld zijn; wij kunnen jullie echter verzekeren dat dit niet het geval is. Jullie zelf, ofschoon nu technologisch verder ontwikkeld dan vroeger, zijn spiritueel niet echt ver vooruitgekomen. Jullie zijn machtiger, maar macht brengt de noodzaak tot grotere zelfbeheersing met zich mee.

Er zijn er in de Grotere Gemeenschap die op technologisch vlak en zelfs op mentaal vlak veel meer capaciteit hebben dan jullie. Jullie moeten je ontwikkelen zodat jullie met hen kunnen omgaan, maar jullie moeten je hierbij niet richten op wapens.

Want oorlog op interplanetaire schaal is zo verwoestend dat iedereen verliest. Want wat zijn de schadelijke gevolgen van zo'n conflict? Welke voordelen levert het op? Als zo'n conflict zich echt voordoet, vindt het in de ruimte plaats en zelden op de werelden zelf. Tegen schurkenstaten en diegenen die destructief en agressief zijn worden snel tegenmaatregelen genomen, zeker als zij zich in dichtbevolkte gebieden bevinden waar handel gedreven wordt.

Daarom is het noodzakelijk voor jullie om de aard van conflict in het universum te begrijpen omdat jullie hierdoor inzicht zullen krijgen in de bezoekers en hun behoeften – waarom zij functioneren op de manier zoals zij dat doen, waarom individuele vrijheid bij hen onbekend is en waarom zij vertrouwen op hun collectieven. Dit geeft hen stabiliteit en macht, maar het maakt hen tevens kwetsbaar voor diegenen die bekwaam zijn in Kennis.

Kennis stelt jullie in staat om op elke mogelijke manier te denken, om spontaan te reageren, om de realiteit waar te nemen buiten het voor de hand liggende en om de toekomst en het verleden te ervaren. Zulke vermogens liggen buiten bereik van diegenen die alleen maar volgens het regime en de voorschriften van hun culturen leven. Jullie lopen ver achter op de technologie van jullie bezoekers, maar jullie hebben de belofte om vaardigheden in De Weg van Kennis te ontwikkelen, vaardigheden die jullie nodig zullen hebben en waarop jullie in toenemende mate moeten leren te vertrouwen.

Wij zouden de Bondgenoten van de Mensheid niet zijn als wij jullie niet zouden onderwijzen in het leven in de Grotere Gemeenschap. Wij hebben veel gezien. Wij zijn veel verschillende zaken tegengekomen. Onze werelden werden overweldigd en wij moesten onze vrijheid herwinnen. Wij kennen, door fouten en uit ervaring, de aard van het conflict en de uitdaging waarmee jullie nu geconfronteerd worden. Daarom zijn wij goed toegerust voor deze missie van dienstbaarheid aan jullie. Jullie zullen ons echter niet ontmoeten, en wij zullen niet komen om de leiders van jullie naties te ontmoeten. Dat is niet onze bedoeling.

Jullie hebben inderdaad zo min mogelijk bemoeienis nodig, maar jullie hebben wel veel hulp nodig. Er zijn nieuwe vaardigheden die jullie moeten ontwikkelen en een nieuwe begrippenkader dat jullie moeten verwerven. Zelfs als een goedgezinde gemeenschap, naar jullie wereld zou komen, zou zij toch zo'n invloed en zo'n impact op jullie hebben dat jullie afhankelijk van hen zouden worden en niet jullie eigen kracht, jullie eigen macht en jullie onafhankelijkheid zouden ontwikkelen. Jullie zouden zo afhankelijk zijn van hun technologie en van hun intelligentie, dat zij niet in staat zouden zijn te vertrekken. En sterker nog, hun komst hier zou jullie zelfs nog kwetsbaarder maken voor inmenging in de toekomst. Want jullie zouden snakken naar hun technologie, en jullie zouden langs de handelsroutes van de Grotere Gemeenschap willen reizen. Maar jullie zouden niet voorbereid en niet verstandig zijn.

Daarom zijn jullie toekomstige vrienden niet hier. Daarom komen zij jullie niet helpen. Want jullie zouden niet sterk worden als zij dat wel deden. Jullie zouden met hen om willen gaan, jullie zouden bondgenootschappen met hen willen sluiten, maar jullie zouden zo zwak zijn dat jullie jezelf niet zouden kunnen beschermen. In wezen zouden jullie een deel van hun cultuur worden en dat willen zij niet.

Misschien zijn veel mensen niet in staat te begrijpen wat wij hier zeggen, maar op den duur zal het duidelijk worden en jullie zullen de wijsheid en de noodzaak ervan inzien. Op dit moment zijn jullie veel te fragiel, te verward en te conflictueus om sterke bondgenootschappen te vormen, zelfs met diegenen die jullie toekomstige vrienden zouden kunnen worden. De mensheid kan nu nog niet met één stem spreken en dus zijn jullie vatbaar voor interventie en manipulatie van buitenaf.

Als de realiteit van de Grotere Gemeenschap meer bekend wordt binnen jullie wereld en als onze boodschap genoeg mensen kan bereiken, dan zullen steeds meer mensen het erover eens zijn dat de mensheid voor een groot probleem staat. Dit zou een nieuwe basis kunnen creëren voor samenwerking en eensgezindheid. Want welk mogelijk voordeel zou een natie in jullie wereld kunnen hebben ten opzichte van een andere als heel de wereld bedreigd wordt door de Interventie? En wie zou streven naar individuele macht in een leefwereld waar buitenaardse krachten ingrijpen? Als jullie echte vrijheid willen hebben in jullie wereld, dan moet zij gedeeld worden. Zij moet erkend en gekend worden. Zij kan geen voorrecht zijn voor enkelen want dan zal zij niet echt krachtig zijn.

Wij begrijpen van de Ongezienen dat er nu al mensen zijn die naar wereldheerschappij streven omdat zij geloven dat zij de zegen en steun van de bezoekers hebben. De bezoekers hebben hen verzekerd dat zij gesteund zullen worden bij het streven naar macht. Maar wat anders geven zij weg dan de sleutels tot hun eigen vrijheid en de vrijheid van hun wereld? Zij zijn onkundig en onverstandig. Zij zijn niet in staat hun fout in te zien.

Wij hebben eveneens begrepen dat er mensen zijn die geloven dat de bezoekers een spirituele renaissance en een nieuwe hoop voor de mensheid vertegenwoordigen, maar hoe kunnen ze dat weten, zij die niets weten van de Grotere Gemeenschap? Het is hun hoop en hun verlangen dat het zo is en de bezoekers komen aan zulke wensen tegemoet, om voor de hand liggende redenen.

Wat wij hier zeggen is dat er in de wereld niets gaat boven echte vrijheid, echte kracht en echte eenheid. Wij stellen onze boodschap voor iedereen beschikbaar, en wij vertrouwen erop dat onze woorden ontvangen en serieus afgewogen kunnen worden. Wij hebben echter geen controle over jullie reactie. En door bijgelovigheid en angst in de wereld zou onze boodschap voor velen onbereikbaar kunnen worden. Maar de belofte is er nog steeds. Als we jullie meer zouden willen geven zouden wij jullie wereld over moeten nemen, maar dat willen we niet. Daarom geven wij alles wat we kunnen geven zonder daarbij in te grijpen in jullie aangelegenheden. Maar toch zijn er velen die bemoeienis wensen . Zij willen door iemand anders gered of uit de nood geholpen worden. Zij vertrouwen niet op de kansen voor de mensheid. Zij geloven niet in de inherente vermogens en capaciteiten van de mensheid. Zij zullen bereidwillig hun vrijheid opgeven. Zij zullen geloven wat de bezoekers hen vertellen. En zij zullen hun nieuwe meesters dienen denkend dat wat ze krijgen hun eigen bevrijding is.

Vrijheid is een kostbare zaak in de Grotere Gemeenschap. Vergeet dit nooit. Jullie vrijheid, onze vrijheid. En wat is vrijheid anders dan de mogelijkheid om Kennis, de realiteit die de Schepper jullie gegeven heeft, te volgen en om Kennis onder woorden te brengen en om bij te dragen aan Kennis in al haar uitingsvormen.

Jullie bezoekers hebben deze vrijheid niet. Zij is onbekend bij hen. Zij kijken naar de chaos in jullie wereld en zij geloven dat de orde die zij hier zullen opleggen, verlossend voor jullie zal zijn en jullie zal redden van jullie eigen zelfvernietiging. Dit is alles wat zij kunnen geven, want dit is alles wat zij hebben. En zij zullen jullie gebruiken, maar dat zien zij niet als ongepast, want zij worden zelf gebruikt en kennen geen alternatief hiervoor. Hun programmering, hun conditionering, is zo totaal dat een poging om hen te bereiken op het niveau van hun diepere spiritualiteit bijna onmogelijk is. Jullie hebben de kracht niet om dit te doen. Jullie zouden zoveel sterker moeten zijn dan jullie op dit moment zijn om een verlossende invloed te hebben op jullie bezoekers. Maar toch is hun conformiteit niet zo ongebruikelijk in de Grotere Gemeenschap. Zij is heel gewoon bij grote collectieven, waar conformiteit en volgzaamheid essentieel zijn voor een effectief functioneren, met name als zij grote gebieden in de ruimte bestrijken.

Kijk daarom niet naar de Grotere Gemeenschap met angst, maar met objectiviteit. De toestanden die wij beschrijven bestaan reeds binnen jullie wereld. Jullie kunnen deze zaken begrijpen. Manipulatie is bekend bij jullie. Invloed is bekend bij jullie. Jullie zijn het alleen niet op zo'n grote schaal tegengekomen, evenmin hebben jullie ooit moeten concurreren met andere intelligente levensvormen. Als gevolg daarvan bezitten jullie nog niet de vaardigheden hiervoor.

Wij praten over Kennis omdat dat jullie grootste talent is. Ongeacht welke technologie jullie mettertijd ontwikkelen is Kennis jullie grootste belofte. Jullie lopen ver achter bij de bezoekers met jullie technologische ontwikkeling, dus moeten jullie vertrouwen op Kennis. Zij is de grootste kracht in het universum en jullie bezoekers gebruiken haar niet. Zij is jullie enige hoop. Daarom onderwijst de Lering van de Spiritualiteit uit de Grotere Gemeenschap de Weg van Kennis, biedt zij de *Stappen naar Kennis* aan en onderwijst zij Wijsheid en Inzicht uit de Grotere Gemeenschap. Zonder deze voorbereiding zouden jullie niet de vaardigheid of het perspectief hebben om jullie dilemma te begrijpen en er efficiënt op te reageren. Het is te groot. Het is te nieuw. En jullie zijn niet aangepast aan deze nieuwe omstandigheden.

De invloed van de bezoekers neemt elke dag toe. Iedere persoon die dit kan horen, voelen en weten moet De Weg van Kennis leren, De Weg van Kennis uit de Grotere Gemeenschap. Dit is een oproep. Het is een geschenk. Het is een uitdaging.

Onder meer aangename omstandigheden, tja, lijkt de nood misschien niet zo hoog. Maar de nood is gigantisch, want er is geen bescherming, er is geen mogelijkheid om je te verstoppen, er is geen schuilplaats in de wereld die veilig is voor de buitenaardse aanwezigheid hier. Daarom zijn er maar twee keuzes: jullie kunnen je schikken of jullie kunnen gaan staan voor jullie vrijheid.

Dit is de grote beslissing waar iedere persoon voor staat. Dit is het grote keerpunt. Je kunt niet onbenullig doen in de Grotere Gemeenschap. Het is een te veeleisende leefwereld. Het vraagt uitmuntende eigenschappen, en betrokkenheid. Jullie wereld is te waardevol. De hulpbronnen hier worden begeerd door anderen. De strategische positie van jullie wereld wordt hoog aangeslagen. Zelfs als jullie in een veraf gelegen wereld, ver verwijderd van een handelsroute, ver verwijderd van alle commerciële verplichtingen zouden leven, zouden jullie uiteindelijk door iemand ontdekt worden. Dit uiteindelijk is nu voor jullie gekomen. En het is al een tijdje bezig.

Vat moed. Het is tijd voor moed, niet voor ambivalentie. De ernst van de situatie waar jullie voor staan onderschrijft alleen maar de belangrijkheid van jullie leven en jullie repliek en het belang van het onderricht dat op dit moment in de wereld gegeven wordt. Dit is niet alleen voor jullie geestelijke vorming en vooruitgang. Het is er ook voor jullie bescherming en jullie voortbestaan.

Vragen en Antwoorden*

Wij denken dat het belangrijk is, gezien de informatie die wij tot nu toe aangeleverd hebben, om te reageren op vragen die vast en zeker zullen rijzen over onze realiteit en de betekenis van de boodschappen die wij zijn komen brengen.

◆

"Waarom zouden mensen geloven wat jullie hen over de Interventie vertellen, gezien het gebrek aan hard bewijs?"

Ten eerste moet er voor het bezoek aan jullie wereld veel bewijs zijn. Ons is verteld dat dit het geval is. Maar ons is door de Ongezienen ook verteld dat mensen niet weten hoe ze het bewijs moeten begrijpen en dat ze er hun eigen betekenis aan geven – een betekenis waar zij de

---

* Deze vragen werden opgestuurd naar de New Knowledge Library door veel van de eerste lezers van het Materiaal van de Bondgenoten.

voorkeur aan geven, een betekenis die voor het grootste deel plezierig en geruststellend is. Wij zijn er zeker van dat er afdoende bewijs is om na te gaan dat de Interventie op dit moment plaatsvindt in de wereld, als iemand tenminste de tijd neemt om deze kwestie te bekijken en te onderzoeken. Het feit dat jullie regeringen of religieuze leiders dit soort zaken niet kenbaar maken betekent niet dat zo'n grote gebeurtenis niet in jullie midden plaatsvindt.

◆

"Hoe kunnen mensen weten dat jullie echt zijn?"

Betreffende onze realiteit kunnen we onze fysieke aanwezigheid niet aan jullie bewijzen en dus moeten jullie de betekenis en de draagwijdte van onze woorden inzien. Op dit punt is het niet slechts een kwestie van geloof. Het behoeft een grotere herkenning, een Kennis, een resonantie. Wij geloven dat de woorden die wij spreken waar zijn, maar dat betekent niet dat ze altijd als zodanig ontvangen worden. Wij hebben geen invloed op de reactie op onze boodschap. Er zijn mensen die meer bewijs nodig hebben dan mogelijkerwijs gegeven kan worden. Voor anderen zal zo'n bewijs niet nodig zijn, want zij zullen een innerlijke bevestiging voelen. Ondertussen zullen wij misschien omstreden blijven, en toch hopen en vertrouwen we erop dat onze woorden serieus in overweging genomen worden en dat het bewijs dat wél bestaat, en dat is nogal wat, verzameld en begrepen kan worden door hen die bereid zijn hier in hun leven moeite voor te doen en zich erop te richten. Vanuit ons perspectief gezien is er geen groter probleem en geen grotere uitdaging en gelegenheid waar jullie je aandacht op zouden moeten richten.

Daarom staan jullie aan het begin van een nieuw inzicht. Dit vereist vertrouwen en autonomie. Velen zullen onze woorden verwerpen, simpelweg omdat zij niet geloven dat wij mogelijkerwijs zouden kunnen bestaan.

Anderen zullen misschien denken dat wij deel uitmaken van een of andere manipulatie die over de wereld wordt verspreid. Wij hebben geen invloed op deze reacties. Wij kunnen alleen maar onze boodschap en onze aanwezigheid in jullie leven bekend maken, hoe ver verwijderd die aanwezigheid ook moge zijn. Het is niet onze aanwezigheid hier die van het grootste belang is, maar de boodschap die wij bekend komen maken en het grotere perspectief en begrip dat wij jullie kunnen leveren. Jullie scholing moet ergens beginnen. Alle scholing begint met het verlangen om te weten.

Wij hopen dat we via onze gesprekken op z'n minst een deel van jullie vertrouwen kunnen winnen om een begin te kunnen maken met het onthullen van wat wij hier komen bieden.

◆

"Wat hebben jullie te zeggen tegen hen die de Interventie als
iets positiefs zien?"

Ten eerste begrijpen wij dat jullie verwachten dat alle
krachten uit de hemel samenhangen met jullie spirituele begrip,
tradities en fundamentele overtuigingen. Het idee dat er
alledaags leven in het universum bestaat is een uitdaging voor
deze fundamentele overtuigingen. Vanuit ons perspectief en
gezien de ervaringen van onze eigen culturen, begrijpen wij deze
verwachtingen. In het verre verleden hadden wij ze zelf ook.
En toch moesten wij ze loslaten bij het onder ogen zien van
de realiteit van het leven in de Grotere Gemeenschap en de
betekenis van bezoek.

Jullie leven in een groot fysiek universum. Het is er vol leven.
Dit leven vertegenwoordigt ontelbare uitingsvormen en het
vertegenwoordigt ook de evolutie van intelligent leven en
spiritueel bewustzijn op elk niveau. Dit betekent dat wat jullie
tegen zullen komen in de Grotere Gemeenschap bijna iedere
mogelijkheid zal omvatten.

Echter, jullie zijn geïsoleerd en jullie reizen nog niet door de
ruimte. En zelfs als jullie al het vermogen zouden hebben om een
andere wereld te bereiken, het universum is enorm, en niemand
is nog in staat gebleken met wat voor snelheid dan ook om van de
ene kant van het melkwegstelsel naar de andere kant te komen.
Het fysieke universum is dus enorm en niet te bevatten. Niemand
heeft nog haar wetten kunnen doorgronden. Niemand heeft nog

haar territoria veroverd. Niemand kan complete overheersing of controle opeisen. Het leven dwingt op deze manier grote nederigheid af. Zelfs ver buiten jullie grenzen geldt dit.

Jullie zouden je erop moeten voorbereiden dat jullie intelligente levensvormen zullen tegenkomen die ofwel goed zijn, ofwel onwetend of het soort dat meer neutraal ten opzichte van jullie staat. In elk geval zullen opkomende rassen zoals dat van jullie, binnen de realiteit van reizen en exploratie in de Grotere Gemeenschap, bijna zonder uitzondering als eerste contact met leven uit de Grotere Gemeenschap geconfronteerd worden met grondstoffenverkenners, collectieven en wezens die op eigen voordeel uit zijn.

Betreffende de positieve interpretatie van bezoek uit de Grotere Gemeenschap; deels is dit menselijke verwachting en het natuurlijke verlangen om een goede afloop tegemoet te zien en hulp te zoeken van de Grotere Gemeenschap voor de problemen die de mensheid nog niet zelf op heeft kunnen lossen. Het is normaal om zulke zaken te verwachten, in het bijzonder als je in ogenschouw neemt dat jullie bezoekers grotere capaciteiten hebben dan jullie. Echter, een groot deel van het interpretatieprobleem van het grote bezoek heeft te maken met de wil en de agenda van de bezoekers zelf. Want zij moedigen mensen overal aan om hun aanwezigheid hier als geheel in het voordeel van de mensheid en haar behoeften te zien.

◆

"Als deze interventie al zo ver gevorderd is, waarom zijn jullie
dan niet eerder gekomen?"

Op een eerder tijdstip, vele jaren geleden, hebben meerdere
groepen van jullie bondgenoten een bezoek aan jullie wereld
gebracht in een poging om een boodschap van hoop te geven,
om de mensheid voor te bereiden. Maar helaas konden hun
berichten niet begrepen worden en werden ze misbruikt door
enkelen die ze wel konden ontvangen. In het kielzog van hun
komst, hebben de bezoekers van de collectieven zich hier
massaal verzameld. Wij wisten dat dit zou gebeuren, want jullie
wereld is te waardevol om over het hoofd gezien te worden, en
zoals we al hebben gezegd, ze bevindt zich niet in een afgelegen
en ver verwijderd deel van het universum. Jullie wereld wordt
al lange tijd geobserveerd door diegenen die haar in hun eigen
voordeel willen gebruiken.

◆

Waarom kunnen onze Bondgenoten de Interventie niet
stoppen?"

Wij zijn alleen hier om te observeren en te adviseren. De
grote beslissingen waar de mensheid voor staat hebben jullie in
eigen hand. Niemand anders kan deze beslissingen voor jullie
nemen. Zelfs jullie grote vrienden ver buiten jullie wereld zouden
niet tussenbeide komen, want als zij dit wel deden, zou dat oorlog

veroorzaken en jullie wereld zou het slagveld worden van elkaar bestrijdende krachten. En zouden jullie vrienden zegevieren, dan zouden jullie volledig afhankelijk van hen worden, niet in staat voor jullie zelf te zorgen of jullie eigen veiligheid in het universum te waarborgen. Wij kennen geen goedgezind ras dat deze last zou willen dragen. En in alle eerlijkheid zou het jullie ook niet dienen.

Want jullie zouden een satellietstaat van een ander macht worden en zouden op afstand bestuurd moeten worden. Dit is op geen enkele manier in jullie voordeel en om deze reden gebeurt dit niet. Niettemin zullen de bezoekers zichzelf opwerpen als bevrijders en redders van de mensheid. Zij zullen jullie naïviteit gebruiken. Zij zullen jullie verwachtingen uitbuiten, en proberen een volledig voordeel te behalen uit jullie vertrouwen.

Daarom is het ons oprecht verlangen dat onze woorden als tegengif kunnen dienen voor hun aanwezigheid en voor hun manipulatie en misbruik. Want jullie rechten worden geschonden. Jullie territorium wordt geïnfiltreerd. Jullie regeringen worden overgehaald. En er wordt een nieuwe richting aan jullie religieuze ideologieën en impulsen gegeven.

Er moet een stem van waarheid tegenover staan. En we kunnen er alleen maar op vertrouwen dat jullie deze stem der waarheid kunnen ontvangen. We kunnen alleen maar hopen dat hun overtuigingskracht nog niet te veel terrein gewonnen heeft.

◆

"Wat zijn realistische doelen voor ons om te stellen, en wat zijn de minimale vereisten om te voorkomen dat de mensheid haar zelfbeschikking verliest?"

De eerste stap is bewustzijn. Veel mensen moeten zich ervan bewust worden dat de Aarde bezocht wordt en dat buitenaardse machten hier op een clandestiene wijze opereren, en daarbij proberen hun agenda en activiteiten te verbergen voor het menselijk verstand. Het moet heel duidelijk zijn dat hun aanwezigheid hier een grote bedreiging voor de menselijke vrijheid en zelfbeschikking is. De agenda waar ze haast achter zetten en het pacificatie programma dat zij uitrollen moeten met nuchterheid en wijsheid tegengewerkt worden. Deze tegen-maatregel moet genomen worden. Er zijn veel mensen op dit moment in de wereld die in staat zijn dit te begrijpen. Daarom is de eerste stap bewustzijn.

De volgende stap is scholing. Het is voor veel mensen in verschillende culturen en in verschillende naties noodzakelijk om te leren over het leven in de Grotere Gemeenschap en om beginnen te begrijpen waar jullie mee te maken zullen krijgen, ja zelfs op dit moment al mee te maken hebben.

Derhalve zijn bewustzijn en scholing realistische doelen. Dit op zich zou de agenda van de bezoekers in de wereld al belemmeren. Zij opereren op dit moment met erg weinig weerstand. Ze lopen tegen weinig obstakels aan. Iedereen die hen probeert te zien als "bondgenoten van de mensheid" moet leren dat dit niet het geval is. Misschien zijn onze woorden niet voldoende, maar het is een begin.

◆

"Waar kunnen we deze scholing vinden?"

De scholing kan gevonden worden in De Weg van Kennis uit de Grotere Gemeenschap, die in deze tijd aan de wereld gepresenteerd wordt. Alhoewel het een nieuw begrip vertegenwoordigd over het leven en de spiritualiteit in het universum, is het verbonden met alle authentieke spirituele wegen die reeds bestaan in jullie wereld – spirituele wegen die waarde toekennen aan menselijke vrijheid en ware spiritualiteit en die waarde toekennen aan samenwerking, vrede en harmonie binnen de menselijke familie. Bijgevolg roept de lering in De Weg van Kennis alle grote waarheden op die reeds in jullie wereld bestaan en geeft ze een grotere context en uitdrukkingsmogelijkheid. Op deze manier vervangt De Weg van Kennis uit de Grotere Gemeenschap niet de religies van de wereld maar levert een bredere context waarbinnen ze echt zinvol en relevant voor jullie tijd kunnen zijn.

◆

"Hoe brengen wij jullie boodschap over naar anderen?"

De waarheid leeft in ieder persoon op dit moment. Als je tegen de waarheid in een persoon kan spreken, wordt zij sterker en begint zij te resoneren. Onze grote hoop, de hoop van de Ongezienen (de spirituele krachten die de wereld dienen) en de hoop van diegenen die de menselijke vrijheid waarderen en jullie opkomen in de Grotere Gemeenschap met succes volbracht willen zien, vertrouwen op deze waarheid die in ieder persoon leeft. Wij kunnen jullie dit bewustzijn niet opdringen. Wij kunnen het alleen maar aan jullie bekend maken en vertrouwen op de grootsheid van Kennis die de Schepper jullie gegeven heeft die het mogelijk kan maken dat jullie en anderen antwoorden.

◆

"Waar ligt de kracht van de mensheid in het tegengaan van de Interventie?"

In de eerste plaats begrijpen wij door de observatie van jullie wereld, en van wat de Ongezienen ons verteld hebben over zaken die wij niet kunnen zien, dat, alhoewel er grote problemen zijn in de wereld, er voldoende menselijke vrijheid is om jullie een basis te geven om de Interventie tegen te gaan. Dit staat in contrast tot veel andere werelden waar individuele vrijheid sowieso nooit werd gerealiseerd. Als deze werelden te maken krijgen met buitenaardse machten in hun midden en met de realiteit van de Grotere Gemeenschap, is de mogelijkheid voor hen om vrijheid en onafhankelijkheid te verwerven zeer beperkt.

Kortom, het is jullie grote kracht dat menselijke vrijheid bekend is in jullie wereld en dat zij door velen gewaardeerd wordt, hoewel misschien niet door iedereen. Jullie weten dat jullie iets te verliezen hebben. Jullie waarderen wat jullie al hebben, tot op welke hoogte dat ook mag zijn. Jullie willen niet overheerst worden door vreemde mogendheden. Jullie willen zelfs niet met harde hand geregeerd worden door menselijke autoriteiten. Daarom is dit een begin.

Daarnaast, omdat jullie wereld rijke spirituele tradities heeft die Kennis in het individu gekoesterd hebben en menselijke samenwerking en begrip aangemoedigd hebben, is de realiteit van Kennis reeds gevestigd. Nogmaals, in andere werelden waar Kennis nooit gevestigd werd, laat de mogelijkheid om het op het keerpunt van opkomst in de Grotere Gemeenschap alsnog te vestigen weinig ruimte voor succes. Kennis is sterk genoeg in voldoende mensen hier dat zij in staat zijn om te leren over de realiteit van leven in de Grotere Gemeenschap en te begrijpen wat er op dit moment in hun midden gaande is. Om deze reden zijn wij hoopvol gestemd, want wij hebben vertrouwen in menselijke wijsheid. Wij vertrouwen erop dat mensen boven egoïsme, zelfingenomenheid, en zelfbescherming uit kunnen groeien om het leven in groter verband te zien en om een grotere verantwoordelijkheid te voelen ten dienste van het eigen ras.

Misschien is ons geloof ongegrond, maar wij vertrouwen er op dat de Ongezienen ons hierover juist hebben ingelicht. Bijgevolg hebben wij ons in gevaar begeven door in de nabijheid van jullie wereld te zijn en getuige te zijn van gebeurtenissen buiten jullie grenzen die direct verband houden met jullie toekomst en bestemming.

De mensheid is veelbelovend. Jullie hebben een groeiend bewustzijn van problemen in de wereld – het gebrek aan samenwerking tussen naties, de verslechtering van jullie natuurlijke leefomgeving, jullie slinkende grondstoffen enzovoort. Als mensen deze problemen niet kenden, als deze realiteiten verborgen gehouden waren voor jullie mensen, in die mate dat mensen geen idee van het bestaan van deze zaken hadden, dan zouden wij niet zo hoopvol zijn. Hoe dan ook, de realiteit blijft dat de mensheid het potentieel en de belofte heeft om elke interventie in de wereld tegen te gaan.

◆

"Wordt deze Interventie een militaire invasie?"

Zoals wij al eerder gezegd hebben, is jullie wereld te waardevol om een militaire invasie te ontketenen. Niemand die jullie wereld bezoekt wil haar infrastructuur of haar natuurlijke hulpbronnen vernietigen. Daarom proberen de bezoekers niet de mensheid te vernietigen, maar in plaats daarvan de mensheid tot dienstverlening aan hun collectieven te brengen.

Het is niet een militaire invasie die jullie in gevaar brengt. Het is de macht van verleiding en overreding. Het zal gebaseerd zijn op jullie eigen zwakte, op jullie egoïsme, op jullie onwetendheid over het leven in de Grotere Gemeenschap en op jullie blind optimisme over jullie toekomst en de betekenis van het leven voorbij jullie grenzen.

Om dit tegen te gaan voorzien wij in onderricht en praten we over de middelen van voorbereiding die in deze tijd de wereld ingestuurd worden. Als jullie niet al menselijke vrijheid kenden, als jullie je niet al bewust waren van de plaatsgebonden problemen in jullie wereld, dan zouden wij jullie zo'n voorbereiding niet toevertrouwen. En wij zouden er niet op vertrouwen dat onze woorden zouden resoneren met de waarheid die jullie kennen.

◆

"Kunnen jullie mensen net zo sterk beïnvloeden als de bezoekers dat doen, maar dan ten goede?"

Het is niet onze bedoeling om individuen te beïnvloeden. Onze bedoeling is alleen om het probleem te presenteren en de realiteit waarin jullie aan het opkomen zijn. De Ongezienen verzorgen de werkelijke middelen tot voorbereiding, want dat komt van de Schepper van al het leven. Hierin beïnvloeden de Ongezienen individuen ten goede. Maar er zijn beperkingen. Zoals wij gezegd hebben, is het jullie zelfbeschikking die versterkt moet worden. Het is jullie kracht die moet toenemen. Het is jullie onderlinge samenwerking binnen de menselijke familie die gesteund moet worden.

Er zijn grenzen aan de hoeveelheid hulp die wij kunnen bieden. Onze groep is klein. Wij bevinden ons niet onder jullie. Daarom moet het brede begrip van jullie nieuwe realiteit van persoon tot persoon gedeeld worden. Het kan niet aan jullie opgedrongen worden door een vreemde mogendheid, zelfs niet als het in jullie voordeel is. Wij zouden dan jullie vrijheid en zelfbeschikking niet ondersteunen als wij zo'n programma van overreding zouden bevorderen. Jullie mogen je hierin niet als kinderen gedragen. Jullie moeten volwassen en verantwoordelijk worden. Jullie vrijheid staat op het spel. Jullie wereld staat op het spel. Het is jullie onderlinge samenwerking die nodig is.

Jullie hebben nu een belangrijke reden om jullie ras te verenigen, want niemand zal profiteren zonder de ander. Geen natie zal profiteren als een andere natie onder buitenaardse controle valt. Menselijke vrijheid moet volledig zijn. De samenwerking moet over de gehele wereld gebeuren. Want iedereen zit in dezelfde situatie. De bezoekers prefereren niet de ene groep boven de andere, het ene ras boven het andere, de ene natie boven de andere. Zij zoeken alleen de weg van de minste weerstand om hun aanwezigheid en hun dominantie over jullie wereld te vestigen.

◆

"Hoe uitgebreid is hun infiltratie van de mensheid?"

De bezoekers hebben een aanmerkelijke aanwezigheid binnen de verst ontwikkelde naties in jullie wereld, met name de naties van Europa, Rusland, Japan en de Verenigde Staten. Deze worden gezien als de sterkste naties, met de grootste macht en invloed. Daar zullen de bezoekers zich op concentreren. Maar ze pikken mensen uit van over de hele wereld en ze breiden hun Pacificatie Programma uit met iedereen die zij gevangen nemen, als die individuen ontvankelijk zijn voor hun invloed. Hoewel de bezoekers dus overal ter wereld aanwezig zijn, concentreren zij zich op diegenen waarvan zij hopen dat die hun bondgenoten zullen worden. Dit zijn de naties en regeringen en religieuze leiders die de grootste macht en invloed uitoefenen op de menselijke gedachten en overtuigingen.

◆

"Hoeveel tijd hebben we?"

Hoeveel tijd hebben jullie? Jullie hebben een beetje tijd, hoeveel kunnen wij niet zeggen. Maar we komen met een dringende boodschap. Dit is niet een probleem dat simpelweg vermeden of ontkend kan worden. Vanuit ons perspectief is het de belangrijkste uitdaging waar de mensheid voor staat. Het is de grootste zorg, de hoogste prioriteit. Jullie zijn laat in jullie voorbereiding. Dit werd veroorzaakt door vele factoren buiten onze invloed. Maar er is nog tijd, mits jullie kunnen reageren. De uitkomst is onzeker maar er is nog altijd hoop op jullie succes.

◆

"Hoe kunnen we ons richten op deze Interventie gezien de enorme omvang van andere wereldproblemen die er op dit moment zijn?

In de eerste plaats hebben wij het gevoel dat er geen andere problemen in de wereld zijn die zo belangrijk zijn als dit. Vanuit ons perspectief, zal alles wat jullie in je eentje kunnen oplossen weinig te betekenen hebben als in de toekomst jullie vrijheid verloren gaat. Wat hopen jullie te winnen? Wat zouden jullie kunnen bereiken of veilig kunnen stellen als jullie niet vrij zijn in de Grotere Gemeenschap? Alles wat jullie bereikt hebben zou aan jullie nieuwe bestuurders toekomen; al jullie rijkdom zou aan hen geschonken worden. En hoewel jullie bezoekers niet wreed zijn, zijn ze volledig gecommitteerd aan hun agenda. Jullie worden alleen gewaardeerd in zoverre jullie nuttig kunnen zijn voor hun zaak. Om deze reden denken wij dat er geen enkel ander probleem waar de mensheid mee geconfronteerd wordt zo belangrijk is als dit.

◆

"Wie zal waarschijnlijk op deze situatie reageren?"

Wat betreft wie er kan reageren, zijn er vandaag veel mensen in de wereld die een inherente kennis van de Grotere Gemeenschap hebben en die er gevoelig voor zijn. Er zijn veel anderen die reeds ontvoerd zijn door de bezoekers, maar die niet voor hen of hun verleiding gezwicht zijn. En er zijn vele anderen die bezorgd zijn over de toekomst van de wereld en die gealarmeerd zijn over de gevaren waar de mensheid voor staat. Mensen in alle of een van deze drie categorieën kunnen tot de eersten behoren die reageren op de realiteit van de Grotere Gemeenschap en op de voorbereiding voor de Grotere Gemeenschap. Zij kunnen uit alle rangen of standen komen, uit elke natie, met elke religieuze achtergrond of uit elke economische groepering. Zij bevinden zich letterlijk over de hele wereld. De grote Spirituele Krachten die het menselijke welzijn beschermen en overzien rekenen op hen en op hun reactie.

◆

"Jullie melden dat individuen over de hele wereld meegenomen worden. Hoe kunnen mensen zichzelf en anderen beschermen tegen ontvoering?"

Hoe sterker je kunt worden met Kennis en hoe bewuster van de aanwezigheid van de bezoekers, hoe minder je een aantrekkelijk proefpersoon wordt voor hun studie en manipulatie. Hoe meer je jouw ontmoetingen met hen gebruikt om inzicht in hen te verkrijgen, hoe meer je een gevaar wordt. Zoals wij al zeiden, zoeken zij de weg van de minste weerstand. Zij willen individuen die volgzaam en toegeeflijk zijn. Zij willen diegenen die hen weinig problemen en zorg opleveren.

Echter, als jullie sterk met Kennis worden, zullen jullie oncontroleerbaar worden omdat zij nu jullie geest en hart niet kunnen bemachtigen. En mettertijd zullen jullie de macht van perceptie hebben om in hun geest te kijken, en dat willen zij niet. Jullie worden dan een gevaar voor hen, een uitdaging voor hen, en zij zullen jullie zo mogelijk mijden.

De bezoekers willen niet dat hun bedoelingen onthult worden. Zij zijn niet op zoek naar conflict. Zij zijn buitengewoon zelfverzekerd dat ze hun doelen kunnen bereiken zonder serieuze weerstand van de menselijke familie. Maar als zo'n weerstand eenmaal is gerezen, als de kracht van Kennis eenmaal ontwaakt in het individu, dan zien de bezoekers zich geconfronteerd met een veel ontzagwekkender obstakel. Hun Interventie hier wordt dan gedwarsboomd en moeilijker te realiseren. En het wordt moeilijker hen die aan de macht zijn in te palmen. Daarom zijn de reactie van het individu en zijn toewijding aan de waarheid hier van essentieel belang.

Word bewust van de aanwezigheid van de bezoekers. Bezwijk niet voor de overtuiging dat hun aanwezigheid hier van spirituele aard is of dat ze groot voordeel of verlossing voor de mensheid inhoudt. Verzet je tegen de verleiding. Herwin je eigen innerlijke autoriteit, de grote gave die de Schepper je gegeven heeft. Wordt een kracht waar rekening mee gehouden moet worden door iedereen die inbreuk zou willen maken op jullie fundamentele rechten of deze zou ontkennen.

Dit is uitdrukking geven aan Spirituele Macht. Het is de Wil van de Schepper dat de mensheid opkomt in de Grotere Gemeenschap, onderling verenigd en vrij van buitenaardse interventie en dominantie. Het is de Wil van de Schepper dat jullie je voorbereiden op een toekomst die anders zal zijn dan het verleden. Wij zijn hier in dienst van de Schepper en dus dienen onze aanwezigheid en onze woorden dit doel.

◆

"Als de bezoekers tegenstand ontmoeten bij de mensheid of bij
bepaalde individuen, komen ze dan in grotere aantallen of
zullen ze weggaan?"

Hun aantallen zijn niet groot. Als zij aanzienlijke tegenstand zouden ontmoeten, zouden ze moeten uitwijken en nieuwe plannen moeten maken. Zij zijn er vast van overtuigd dat hun missie zonder serieuze obstakels volbracht kan worden. Maar als serieuze obstakels zouden oprijzen, dan zou hun interventie en overreding gedwarsboomd worden, en zouden ze andere manieren moeten vinden om contact met de mensheid te krijgen.

Wij vertrouwen erop dat de menselijke familie genoeg weerstand en eensgezindheid kan genereren teneinde deze invloeden te neutraliseren. Het is hierop dat wij onze hoop en inspanningen baseren.

◆

"Wat zijn de meest belangrijke vragen die wij onszelf en
anderen moeten stellen ten opzichte van dit probleem van
buitenaardse infiltratie?"

Misschien zijn de meest kritische vragen die jullie jezelf moet stellen: "Zijn wij mensen alleen in het universum of in onze eigen wereld? Worden we op dit moment bezocht? Is dit bezoek in ons voordeel? Moeten wij ons voorbereiden?"

Dit zijn zeer fundamentele vragen, maar ze moeten gesteld worden. Er zijn echter veel vragen die niet beantwoord kunnen worden, want jullie weten niet genoeg over leven in de Grotere Gemeenschap, en jullie hebben er nog geen vertrouwen in dat jullie deze invloeden tegen kunnen gaan. Er ontbreken veel zaken in de menselijke scholing, die primair op het verleden gericht is. De mensheid verrijst uit een relatief lange staat van isolement. Haar onderwijs, haar waarden en haar instituten werden allemaal gevestigd binnen deze staat van isolement. Jullie isolement is echter voorgoed voorbij. Het is altijd bekend geweest dat dit zou gebeuren. Het was onvermijdelijk dat dit zo zou zijn. Daarom gaan jullie scholing en jullie waarden een nieuwe context binnen, waaraan zij zich moeten aanpassen. En de aanpassing moet snel gebeuren vanwege de aard van de Interventie op dit moment in de wereld.

Er zullen veel vragen zijn die jullie niet kunnen beantwoorden. Jullie zullen hiermee moeten leren leven. Jullie scholing in de Grotere Gemeenschap staat nog slechts aan het begin. Jullie moeten haar met grote nuchterheid en zorg benaderen. Jullie moeten jullie eigen neigingen om te proberen de situatie plezierig of geruststellend voor te stellen tegengaan. Jullie moeten objectiviteit ten aanzien van het leven ontwikkelen, en jullie moeten voorbij het kader van jullie persoonlijke interessesfeer kijken zodat je jezelf in een situatie kunt plaatsen waarbinnen je kunt reageren op de grotere machten en gebeurtenissen die op dit moment jullie wereld en jullie toekomst vormgeven.

◆

"Wat als niet genoeg mensen kunnen reageren?"

Wij hebben er vertrouwen in dat genoeg mensen kunnen reageren en een begin kunnen maken met hun scholing in het leven in de Grotere Gemeenschap, zodat ze de menselijke familie belofte en hoop kunnen geven. Als dit niet bereikt kan worden, moeten diegenen die hun vrijheid liefhebben en deze scholing volgen, zich terugtrekken. Zij zullen Kennis levend moeten houden in de wereld terwijl de wereld onder totale controle valt. Dit is een zeer kwalijk alternatief, en toch is het in andere werelden gebeurd. De reis terug naar vrijheid vanuit zo'n positie is behoorlijk moeilijk. Wij hopen dat dit niet jullie lot zal zijn, en daarom zijn wij hier met deze informatie voor jullie. Zoals we al eerder zeiden zijn er genoeg mensen in de wereld die kunnen reageren om de intenties van de bezoekers te compenseren en hun invloed op menselijke aangelegenheden en menselijke waarden te dwarsbomen.

◆

"Jullie praten over andere werelden die opkomen in de Grotere Gemeenschap. Kunnen jullie het hebben over successen en mislukkingen die verband houden met onze situatie?"

Er zijn successen geweest anders waren wij niet hier geweest. In mijn geval, als spreker van onze groep, was onze wereld al vergaand geïnfiltreerd voordat wij in de gaten hadden wat er aan de hand was. Onze scholing werd gestimuleerd door de komst van zo'n groep als de onze, en zij verstrekten inzicht en informatie over onze situatie. Wij hadden buitenaardse grondstofhandelaren in onze wereld die samenwerkten met onze regering. Diegenen die de macht hadden op dat moment werden overtuigd dat handel en commercie voordelig voor ons zouden zijn, want wij hadden reeds ervaren dat grondstoffen op begonnen te raken. Alhoewel ons ras verenigd was, anders dan dat van jullie, begonnen we volledig afhankelijk te worden van de nieuwe technologie en mogelijkheden die aan ons voorgesteld werden. En toch toen dit gebeurde vond er een verschuiving in het centrum van de macht plaats. Wij werden de afnemers. De bezoekers werden de leveranciers. Naarmate de tijd voortschreed, werden ons voorwaarden en beperkingen opgelegd, aanvankelijk heel subtiel.

Onze religieuze gerichtheid en overtuigingen werden eveneens beïnvloed door de bezoekers, die interesse toonden in onze spirituele waarden maar die ons een nieuw begrip wensten te geven, een begrip gebaseerd op het collectief, gebaseerd op geesten die samenwerken door precies op dezelfde manier te denken. Dit werd aan ons ras gepresenteerd als een uitdrukking van spiritualiteit en succes. Sommigen werden overtuigd, en toch, omdat wij goed geïnformeerd waren door onze bondgenoten van buiten onze wereld, bondgenoten zoals wijzelf, begonnen wij een verzetsbeweging te formeren en waren na enige tijd in staat om de bezoekers te dwingen onze wereld te verlaten.

Sinds die tijd hebben wij veel geleerd over de Grotere Gemeenschap. Wij voeren zeer selectief handel met slechts enkele andere naties. Wij zijn in staat geweest de collectieven te vermijden en dat heeft onze vrijheid veiliggesteld. En toch was het voor ons moeilijk dit succes te behalen, want velen van ons hebben het leven moeten laten vanwege dit conflict. Ons verhaal is er een van succes maar het was niet zonder offers. Er zijn anderen in onze groep die soortgelijke moeilijkheden mee hebben gemaakt in hun interactie met interveniërende machten in de Grotere Gemeenschap. Omdat wij uiteindelijk geleerd hebben om voorbij onze grenzen te reizen hebben wij toch alliantes met elkaar gesloten. Wij zijn in staat geweest om te leren wat spiritualiteit in de Grotere Gemeenschap betekent. En de Ongezienen, die onze wereld eveneens dienen, hebben ons wat dit betreft geholpen om de grote overgang van isolement naar een Groter Gemeenschaps-bewustzijn te maken.

Niettemin zijn er voor zover wij weten vele mislukkingen geweest. Culturen waarvan de autochtone bevolking geen persoonlijke vrijheid had bereikt of die niet de vruchten van samenwerking hadden geproefd, ook al waren zij technologisch gevorderd, hadden geen basis om hun eigen onafhankelijkheid in het universum te vestigen. Hun mogelijkheid om de collectieven te weerstaan was zeer beperkt. Overgehaald door beloften van meer macht, meer technologie en grotere welvaart, en overgehaald door de ogenschijnlijke voordelen van handel in de Grotere Gemeenschap, verliet het centrum van macht hun wereld. Uiteindelijk werden zij volledig afhankelijk van diegenen die hen bevoorraadden en die de controle kregen over hun grondstoffen en hun infrastructuur.

Natuurlijk kunnen jullie je voorstellen hoe dit heeft kunnen gebeuren. Zelfs binnen jullie eigen wereld, blijkens jullie geschiedenis, hebben jullie kleinere naties onder de dominantie van grotere zien vallen. Je kunt dit zelfs vandaag de dag nog zien. Daarom zijn deze ideeën niet helemaal vreemd voor jullie. In de Grotere Gemeenschap, net als in jullie wereld, zullen de sterken indien mogelijk de zwakken domineren. Dit is een realiteit van het leven alom. En het is om deze reden dat wij jullie bewustzijn en jullie voorbereiding aanmoedigen, zodat jullie sterk mogen worden en jullie zelfbeschikking moge groeien.

Het is misschien voor velen een grote teleurstelling om te begrijpen en te leren dat vrijheid zeldzaam is in het universum. Als naties sterker worden en meer technologisch, is er meer en meer uniformiteit en volgzaamheid nodig tussen haar mensen. Als zij uitzwermen over de Grotere Gemeenschap en betrokken raken bij aangelegenheden van de Grotere Gemeenschap, verdwijnt de tolerantie voor individuele expressie tot op het punt waar grote welvarende en machtige naties worden bestuurd met een strengheid en een veeleisendheid die jullie weerzinwekkend zouden vinden.

Jullie moeten hier leren dat technologische vooruitgang en spirituele vooruitgang niet hetzelfde zijn, een les die de mensheid nog moet leren en die jullie moeten leren als jullie jullie natuurlijke wijsheid willen uitoefenen in dit soort zaken.

Jullie wereld wordt buitengewoon gewaardeerd. Zij is biologisch gezien rijk. Jullie hebben iets kostbaars in handen dat jullie moeten beschermen als jullie haar beheerder en haar begunstigde willen zijn. Denk aan de mensen in jullie wereld die hun vrijheid verloren hebben omdat zij op een plek leefden die waardevol werd geacht door anderen. Het is nu de gehele menselijke familie die aan dit gevaar blootgesteld is.

◆

"Aangezien de bezoekers zo bedreven zijn in het projecteren van gedachtes en het beïnvloeden van de Mentale Omgeving van mensen, hoe weten wij dan zeker dat wat wij zien echt is?"

De enige basis voor wijze perceptie is het cultiveren van Kennis. Als je alleen gelooft wat je ziet, zal je alleen geloven wat je getoond wordt. Er zijn velen, is ons verteld, die dit perspectief hebben. Toch hebben we ook geleerd dat de wijzen overal een grotere visie en een groter onderscheidingsvermogen moeten aanleren. Het is waar dat jullie bezoekers afbeeldingen van jullie heiligen en jullie religieuze figuren kunnen projecteren. Alhoewel het niet vaak in praktijk wordt gebracht, kan het zeker gebruikt worden om loyaliteit en toewijding op te roepen bij diegenen die zich al overgeleverd hebben aan zulke overtuigingen. Hier wordt jullie spiritualiteit een kwetsbaar gebied waar Wijsheid toegepast moet worden.

De Schepper heeft jullie echter Kennis gegeven als basis voor werkelijk onderscheidingsvermogen. Jullie kunnen weten wat jullie zien als jullie jezelf afvragen of het echt is. Om dit te doen moeten jullie echter deze basis hebben, en daarom is de scholing in De Weg van Kennis zo fundamenteel bij het leren over de Spiritualiteit uit de Grotere Gemeenschap. Zonder dit zullen mensen geloven wat ze willen geloven en zullen ze vertrouwen op wat ze zien en op wat hen getoond wordt. En hun vrijheidspotentieel zal al verloren zijn gegaan, want van meet af aan heeft zij nooit de kans gekregen zich te ontplooien.

◆

"Jullie hebben het over Kennis levend houden. Hoevelen zijn er nodig om Kennis levend te houden in de wereld?"

We kunnen jullie geen aantallen geven, maar het moeten er voldoende zijn om een stem binnen jullie eigen culturen te genereren. Als deze boodschap maar door enkelen ontvangen kan worden, zullen zij deze stem of deze kracht niet hebben. Hier moeten zij hun wijsheid delen. Het kan niet enkel voor hun eigen zedelijke ontwikkeling zijn. Veel meer mensen moeten deze boodschap leren kennen, veel meer dan die haar op dit moment kunnen ontvangen.

◆

"Schuilt er een gevaar in het presenteren van deze boodschap?"

Er schuilt altijd gevaar in het presenteren van de waarheid, niet alleen in jullie wereld, maar ook elders. Mensen behalen voordeel uit de situatie zoals die op dit moment bestaat. De bezoekers zullen voordelen aanbieden aan die machtspersonen die ontvankelijk voor hen zijn en niet sterk in Kennis. Mensen raken gewend aan deze voordelen en baseren hun leven hierop. Dit maakt hen ongevoelig of zelfs vijandig tegenover de presentatie van waarheid, die hun verantwoordelijkheid aanspreekt om dienstbaar te zijn naar anderen toe en die misschien de basis van hun rijkdom en succes bedreigt.

Daarom houden wij ons schuil en begeven wij ons niet in jullie wereld. De bezoekers zouden ons absoluut vernietigen als zij ons konden vinden. Maar de mensheid zou ons misschien ook willen vernietigen juist vanwege wat we vertegenwoordigen, en vanwege de uitdaging en de nieuwe realiteit die wij laten zien. Niet iedereen is klaar om de waarheid te ontvangen ondanks dat het buitengewoon noodzakelijk is.

◆

"Kunnen individuen die sterk met Kennis zijn de bezoekers beïnvloeden?"

De kans op succes hier is erg beperkt. Jullie hebben te maken met een collectief van wezens die gekweekt zijn om volgzaam te zijn, en hun hele leven en ervaring is omsloten en gemaakt door een collectieve mentaliteit. Zij denken niet zelfstandig. Om deze reden denken we dat jullie hen niet kunnen beïnvloeden. Er zijn maar enkelen binnen de menselijke familie die de kracht hebben om dit te doen, en zelfs bij hen zou de mogelijkheid tot succes zeer beperkt zijn. Dus het antwoord moet "Nee" zijn. Om allemaal praktische redenen kunnen jullie hen niet overhalen.

◆

"Wat is het verschil tussen collectieven en een verenigde
mensheid?"

Collectieven bestaan uit verschillende rassen en diegenen die
gekweekt zijn om deze rassen te dienen. Veel van de wezens die
je tegenkomt in de wereld zijn gekweekt door collectieven om
als knechten te dienen. Hun genetisch erfgoed is voor hen al
lang verloren gegaan. Zij zijn gekweekt om te dienen, zoals jullie
dieren fokken om jullie te dienen. De menselijke samenwerking
die wij promoten is een samenwerking die de zelfbeschikking
van individuen in stand houdt en een krachtige positie verschaft
van waaruit de mensheid interactie kan aangaan, niet alleen met
de collectieven maar ook met anderen die in de toekomst jullie
kusten zullen bezoeken.

Een collectief is gebaseerd op één overtuiging, één stel
principes en één autoriteit. De nadruk ligt op volledige trouw
aan een idee of een ideaal. Niet alleen is dit opgenomen in de
scholing van jullie bezoekers, maar ook in hun genetische code.
Daarom gedragen ze zich op de manier zoals ze doen. Dit is
zowel hun kracht als hun zwakte. Zij hebben enorme kracht in
de Mentale Omgeving omdat hun geesten verenigd zijn. Maar ze
zijn zwak omdat ze niet zelfstandig kunnen denken. Zij kunnen
niet goed omgaan met ingewikkeldheden of tegenslag. Een man
of vrouw van Kennis zou onbegrijpelijk zijn voor hen.

De mensheid moet zich verenigen om haar vrijheid te
behouden, maar dat is van een totaal andere structuur dan het

creëren van een collectief. Wij noemen hen "collectieven" omdat ze collectieven zijn van verschillende rassen en nationaliteiten. Collectieven zijn niet één enkel ras. Alhoewel er veel rassen zijn in de Grotere Gemeenschap die bestuurd worden door een dominante autoriteit, is een collectief een organisatie die zich uitstrekt voorbij de loyaliteit van een ras ten opzichte van haar eigen wereld.

Collectieven kunnen grote kracht bezitten. Echter, omdat er veel collectieven zijn zijn ze geneigd om met elkaar te wedijveren hetgeen verhindert dat een van hen de baas wordt. Ook hebben verschillende naties in de Grotere Gemeenschap langdurige onderlinge geschillen, die moeilijk te overbruggen zijn. Misschien hebben ze elkaar lange tijd beconcurreerd om dezelfde hulpbronnen. Misschien beconcurreren ze elkaar in de verkoop van hulpbronnen die ze hebben. De Collectieven zijn echter een andere kwestie. Zoals wij hier zeggen is het niet gebaseerd op één ras en één wereld. Ze zijn het resultaat van onderwerping en dominantie. Daarom bestaan jullie bezoekers uit verschillende rassen van wezens op verschillende autoriteits-en gezagsniveaus.

◆

"Is in andere werelden die succesvol verenigd zijn de individuele gedachtevrijheid behouden?"

In verschillende gradaties. Bij sommige in hoge mate, bij andere minder, afhankelijk van hun geschiedenis, hun psychologische opbouw en wat ze nodig hebben voor hun eigen overleving. Jullie leven in de wereld is relatief gemakkelijk vergeleken met waar andere rassen zich moesten ontwikkelen. De meeste plekken waar intelligent leven bestaat zijn gekoloniseerd, want er zijn niet veel aardse planeten zoals die van jullie die voorzien in zo'n weelde van biologische hulpbronnen. Hun vrijheid hangt grotendeels af van de rijkdom van hun leefomgeving. Maar ze zijn allemaal succesrijk geweest in het tegenhouden van buitenaardse infiltraties en hebben hun eigen manieren van handel, commercie en communicatie opgezet gebaseerd op hun eigen zelfbeschikking. Dit is een zeldzame prestatie die verworven en beschermd moet worden.

◆

"Wat is nodig om menselijke eenheid te bereiken?"

De mensheid is zeer kwetsbaar in de Grotere Gemeenschap. Deze kwetsbaarheid zal mettertijd een fundamentele samenwerking genereren onder de menselijke familie, want jullie moeten je aansluiten en verenigen teneinde te overleven en vooruit te komen. Dit maakt deel uit van het hebben van een Groter Gemeenschapsbewustzijn. Als dit gebaseerd is op de principes van menselijke bijdragen, vrijheid en zelfexpressie, dan kunnen jullie sterk, autonoom en rijk worden. Maar er moet meer samengewerkt worden in de wereld. Mensen kunnen niet alleen voor zichzelf leven of hun persoonlijke doelen boven de behoeften van ieder ander stellen. Sommigen zouden dit kunnen zien als een verlies van vrijheid. Wij zien het als een garantie voor toekomstige vrijheid. Want gezien de huidige heersende opvattingen in de wereld, is jullie toekomstige vrijheid zeer moeilijk veilig te stellen of te handhaven. Let op. Diegenen die gedreven worden door hun eigen egoïsme zijn de perfecte kandidaten voor buitenaardse invloeden of manipulaties. Als zij in machtsposities verkeren, zullen ze de rijkdom van de natie, de vrijheid van de natie en de hulpbronnen van de natie uit handen geven in ruil voor hun eigen voordeel.

Daarom is grotere samenwerking vereist. Jullie kunnen dit ongetwijfeld inzien. Dit is ongetwijfeld duidelijk zelfs binnen jullie eigen wereld. Maar dit verschilt aanzienlijk met het leven in een collectief, waar rassen gedomineerd en gecontroleerd worden, waar diegenen die volgzaam zijn binnen de collectieven gehaald worden en diegenen die dat niet zijn verwijderd of vernietigd worden. Ongetwijfeld is zo'n instelling, alhoewel het aanzienlijke invloed kan hebben, niet ten voordele van haar leden. En toch is dit de weg die velen in de Grotere Gemeenschap zijn gegaan. Wij willen niet dat de mensheid in zo'n organisatie terecht komt. Dat zou een grote tragedie en een groot verlies zijn.

◆

" In welk opzicht verschilt het menselijk perspectief met dat van jullie?"

Een van de verschillen is dat wij een Groter Gemeenschaps-perspectief hebben ontwikkeld, wat een minder egocentrische manier van naar de wereld kijken is. Het is een standpunt dat grote helderheid verschaft en dat grote zekerheid kan leveren betreffende de kleinere problemen waar jullie tegenaan lopen in de dagelijkse aangelegenheden. Als jullie een groot probleem op kunnen lossen kunnen jullie ook kleinere oplossen. Jullie hebben een groot probleem. Elk menselijk wezen in de wereld staat voor dit probleem. Het kan jullie samenbrengen en het mogelijk maken om de langdurende geschillen en conflicten te boven te komen. Zo groot en zo krachtig is het. Daarom zeggen wij dat er een mogelijkheid tot redding is binnen die specifieke omstandigheden die jullie welzijn en jullie toekomst bedreigen.

Wij weten dat de macht van Kennis binnen het individu dat individu en al haar relaties in ere kan herstellen, tot een hoger niveau van prestatie, herkenning en kunde. Dit moeten jullie voor jezelf ontdekken.

Onze levens zijn erg verschillend. Een van de verschillen is dat wij ons leven wijden aan dienstbaarheid, een dienstbaarheid die wij gekozen hebben. Wij hebben de vrijheid om te kiezen en dus is onze keuze werkelijk en betekenisvol en op ons eigen inzicht gebaseerd. Onder onze groep zijn vertegenwoordigers van meerdere verschillende werelden. Wij zijn samengekomen in dienstbaarheid aan de mensheid. Wij vertegenwoordigen een groter bondgenootschap dat meer spiritueel van aard is.

◆

"Deze boodschap komt tot ons door één man. Waarom nemen
jullie niet met iedereen contact op als dit zo belangrijk is?"

Het is slechts een kwestie van efficiëntie. Wij bepalen niet wie geselecteerd wordt om ons te ontvangen. Dat is een zaak van de Ongezienen, diegenen die jullie met recht "Engelen" zouden kunnen noemen. Wij denken op deze manier over hen. Zij hebben deze persoon geselecteerd, iemand die geen positie in de wereld heeft, die niet herkend wordt in de wereld, een individu dat gekozen is vanwege zijn kwaliteiten en vanwege zijn erfenis in de Grotere Gemeenschap. Wij zijn blij dat wij iemand hebben door wie wij kunnen spreken. Als wij door meerderen zouden spreken, zouden ze het misschien oneens met elkaar worden en de boodschap zou verhaspeld worden en verloren raken.

Wij begrijpen, vanuit onze eigen studie, dat overdracht van spirituele wijsheid in het algemeen via één persoon doorgegeven wordt, die gesteund wordt door anderen. Dit individu moet het gewicht en de last en het risico dragen van het gekozen zijn. Wij respecteren hem omdat hij dit doet en wij begrijpen welk een last dit moet zijn. Dit zal misschien verkeerd geïnterpreteerd worden en daarom moeten de Wijzen verborgen blijven. Wij moeten verborgen blijven. Hij moet verborgen blijven. Op deze manier kan de boodschap gegeven worden, en de boodschapper behouden. Want er zal vijandig op gereageerd worden. De bezoekers zullen zich ertegen verzetten en verzetten zich er reeds tegen. Hun tegenstand kan aanzienlijk zijn, maar zal primair tegen de boodschapper zelf gericht zijn. Om deze reden moet de boodschapper beschermd worden. Wij weten dat het antwoord op deze vragen meer vragen zal genereren. En vele hiervan kunnen niet beantwoord worden, misschien zelfs gedurende een lange periode. De Wijzen alom moeten leven met vragen die ze nog niet kunnen beantwoorden. Het is door hun geduld en door hun doorzettingsvermogen dat echte antwoorden bovenkomen en dat ze in staat zijn om ze te ervaren en te belichamen.

De mensheid is bij een nieuw begin. Zij wordt geconfronteerd met een ernstige situatie. De noodzaak voor een nieuw onderwijs en verstandhouding is het voornaamste. Wij zijn hier om deze behoefte te dienen op verzoek van de Ongezienen. Zij vertrouwen op ons dat wij onze wijsheid delen, want wij leven in het fysieke universum, net zoals jullie. Wij zijn geen hemelse wezens. Wij zijn niet perfect. Wij hebben geen grote hoogten bereikt in spiritueel bewustzijn en kundigheid. En daarom vertrouwen wij erop dat onze boodschap aan jullie over de Grotere Gemeenschap relevanter en gemakkelijker te ontvangen zal zijn. De Ongezienen weten veel meer dan wij over het leven in het universum en over de niveaus van vooruitgang en kundigheid die beschikbaar zijn en op vele plaatsen beoefend worden. En toch hebben ze ons gevraagd om over de realiteit van het fysieke leven te spreken omdat wij hierin volledig betrokken zijn. En wij hebben met vallen en opstaan het belang en de betekenis geleerd van hetgeen wij met jullie delen.

Bijgevolg komen wij als de Bondgenoten van de Mensheid, want dat zijn wij. Wees dankbaar dat jullie bondgenoten hebben die jullie kunnen helpen en onderwijzen en die jullie kracht, vrijheid en kundigheid kunnen ondersteunen. Want zonder deze assistentie zou het vooruitzicht op jullie overleven van het soort buitenaardse infiltratie die jullie nu ervaren uiterst beperkt zijn. Ja, er zouden enkele individuen zijn die zich de situatie zoals ze werkelijk is, zouden realiseren, maar hun aantal zou te gering zijn en hun stem zou niet gehoord worden.

Hierin kunnen wij slechts vragen voor jullie vertrouwen. Wij hopen middels de wijsheid van onze woorden en middels de mogelijkheden die jullie hebben om hun betekenis en relevantie te leren, dat we met de tijd dit vertrouwen kunnen winnen, want jullie hebben bondgenoten in de Grotere Gemeenschap. Jullie hebben grote vrienden voorbij deze wereld die geleden hebben onder de uitdagingen waar jullie nu voor staan en die succes hebben behaald. Omdat wij geholpen werden moeten wij nu anderen helpen. Dat is onze heilige overeenkomst. Hieraan zijn wij sterk gecommitteerd.

DE OPLOSSING

IN DE KERN

GAAT DE OPLOSSING VOOR DE INTERVENTIE NIET OVER

TECHNOLOGIE, POLITIEK OF MILITAIRE MACHT.

Het gaat over het vernieuwen van de menselijk geest.

Het gaat over mensen die zich bewust worden van de Interventie en zich hiertegen uitspreken.

Het gaat over het beëindigen van het isolement en het belachelijk maken van mensen dat hen ervan weerhoudt om dat wat ze zien en weten te uiten.

Het gaat over het overwinnen van angst, ontwijking, fantasie en misleiding.

Het gaat over mensen die sterk, bewust en mondig worden.

De Bondgenoten van de Mensheid leveren het cruciaal advies waardoor het voor ons mogelijk wordt de Interventie te herkennen en haar invloeden te neutraliseren. Om dit uit te voeren sporen de Bondgenoten ons aan om onze aangeboren intelligentie te gebruiken alsook het recht uit te oefenen om ons lot als een vrij ras in de Grotere Gemeenschap te vervullen.

Het is tijd om te beginnen.

ER IS NIEUWE HOOP
IN DE WERELD.

Hoop in de wereld wordt opnieuw aangewakkerd door diegenen die sterk met Kennis worden. Hoop kan wegebben en dan opnieuw ontvlammen. Het kan lijken te komen en gaan, afhankelijk van waar mensen naar overhellen en wat ze voor henzelf kiezen. Hoop ligt bij jullie. Want dat de Ongezienen hier zijn betekent niet dat er hoop is, want zonder jullie zou er geen hoop zijn. Want jullie en anderen zoals jullie brengen nieuwe hoop in de wereld doordat jullie leren het geschenk van Kennis te ontvangen. Dit brengt nieuwe hoop in de wereld. Misschien kunnen jullie dit op dit moment niet volledig zien. Misschien lijkt het buiten jullie begrip. Maar vanuit een hoger perspectief is het zo ontzettend waar en zo ontzettend belangrijk.

Het opkomen van de wereld in de Grotere Gemeenschap gaat hierover, want als niemand zich voor zou bereiden op de Grotere Gemeenschap, nou, dan zou hoop lijken te vervliegen. En het lot van de mensheid zou volkomen voorspelbaar lijken. Maar omdat er hoop in de wereld is, omdat er hoop is in jou en in anderen zoals jij die reageren op een grotere roeping, is het lot van de mensheid zeer veelbelovend, en de vrijheid van de mensheid kan alsnog veiliggesteld worden.

◆

UIT *STAPPEN NAAR KENNIS-VERVOLGOEFENINGEN*

Verzet

&

Empowerment

◆

VERZET & EMPOWERMENT

De Ethiek voor Contact

◆

Bij elke gelegenheid moedigen de Bondgenoten ons aan om een actieve rol aan te nemen in het onderscheiden en tegenwerken van de buitenaardse Interventie die nu plaatsvindt in de wereld. Dit omvat het onderscheiden van onze rechten en prioriteiten als de inheemse bevolking van deze wereld en het opstellen van onze eigen Regels voor Interactie betreffende al het huidige en toekomstige contact met andere rassen van schepsels.

Kijken naar de natuurlijke wereld en terug naar de menselijke geschiedenis demonstreert ons rijkelijk de lessen van interventie: dat concurrentie om hulpbronnen een integraal onderdeel van de natuur is, dat interventie door een cultuur bij een andere altijd wordt uitgevoerd voor eigenbelang en dat het een destructieve impact heeft op de cultuur en de vrijheid van de mensen die ontdekt worden en dat de sterken altijd de zwakken domineren, als ze de kans krijgen.

Terwijl het denkbaar is dat die ET rassen die onze wereld bezoeken een uitzondering kunnen zijn op deze regel, zou zo'n uitzondering buiten enige twijfel bewezen moeten worden, door de mensheid het recht te geven ieder voorstel voor bezoek te beoordelen. Dit is zeker niet gebeurt. In plaats daarvan zijn, in de menselijke ervaring van Contact tot nu toe, onze autoriteit en eigendomsrechten als de inheemse bevolking van deze wereld omzeild. De "bezoekers" hebben hun eigen agenda gevolgd, zonder rekening te houden met goedkeuring van de mensheid of geïnformeerde deelname.

Zoals zowel de Bondgenoten Briefings als veel van het UFO/ET onderzoek duidelijk aangeven gebeurt ethisch contact niet. Terwijl het toepasselijk kan zijn voor een buitenaards ras om hun ervaringen en wijsheid van ver met ons te delen, zoals de Bondgenoten gedaan hebben, is het niet toepasselijk voor rassen om hier onuitgenodigd te komen en te proberen in te grijpen in menselijke aangelegenheden, zelfs onder het mom om ons te helpen. Gegeven het niveau van de menselijke ontwikkeling op dit moment als een jong ras, is het niet ethisch om dit te doen.

De mensheid heeft niet de mogelijkheid gehad om haar eigen Regels voor Interactie op te stellen of de grenzen te bepalen die elk inheems ras vast moet leggen voor haar eigen veiligheid en bescherming. Dit wel doen zou dienen om menselijke eenheid en samenwerking te cultiveren, want wij zouden samen moeten komen om dit te bereiken. Deze actie zou het bewustzijn vereisen dat wij een volk zijn die een wereld delen, dat wij niet alleen zijn in het Universum en dat onze grenzen naar de ruimte ingesteld en beschermd moeten worden. Tragischer wijs wordt dit noodzakelijke ontwikkelingsproces nu omzeild.

De Bondgenoten briefings zijn gestuurd om de menselijke voorbereiding, op de realiteiten van leven in de Grotere Gemeenschap, aan te moedigen. De boodschap van de Bondgenoten is inderdaad een demonstratie van wat ethisch contact werkelijk is. Zij hanteren een "niet tussenbeide komen" benadering, onze inheemse vermogens en autoriteit respecterend en onderwijl de vrijheid en eenheid aanmoedigend die de menselijke familie nodig zal hebben om door de toekomst in de Grotere Gemeenschap te navigeren. Terwijl veel mensen tegenwoordig betwijfelen of de mensheid de kracht en de integriteit bezit om in de toekomst in haar eigen behoeftes en uitdagingen te voorzien, verzekeren de Bondgenoten ons dat deze kracht, de spirituele kracht van Kennis, in ons allemaal zetelt en dat wij haar in ons eigen voordeel moeten gebruiken.

De voorbereiding voor het opkomen van de mensheid van de Grotere Gemeenschap is gegeven. De twee sets van de Bondgenoten van de Mensheid Briefings en de boeken van de Weg van Kennis van de Grotere Gemeenschap zijn overal voor lezers beschikbaar. Zij kunnen bekeken worden op www.alliesofhumanity.org/nl en www.newmessage.org/nl. Samen vormen zij het middel om de Interventie te neutraliseren en de toekomst onder ogen te zien in een veranderende wereld op de drempel van de ruimte. Dit is de enige voorbereiding van deze aard in de wereld op dit moment. Het is precies de voorbereiding waar de Bondgenoten zo dringend om gevraagd hebben.

In reactie op de Briefings van de Bondgenoten heeft een groep toegewijde lezers een document getiteld "De Verklaring van Menselijke Soevereiniteit" opgesteld. Gebaseerd op de Verklaring van Onafhankelijkheid van de Verenigde Staten, beoogt de Verklaring van Menselijke Soevereiniteit de Ethische Normen voor Contact en de Regels voor Interactie vast te leggen die wij als het inheemse volk van de wereld nu wanhopig nodig hebben om de menselijke vrijheid en soevereiniteit te behouden. Als de inbo-

orlingen van deze wereld hebben wij het recht en de verantwoordelijkheid om te bepalen wanneer en hoe bezoek zal gebeuren en
wie onze wereld binnen mag komen. Wij moeten kenbaar maken
aan alle naties en groepen in het Universum die zich bewust zijn
van ons bestaan dat wij zelfstandig zijn en beogen onze rechten en
verantwoordelijkheden als een opkomend ras van vrije mensen in de
Grotere Gemeenschap uit te oefenen. De Verklaring van Menselijke
Soevereiniteit is een begin en kan online gelezen worden op
www.humansovereignty.org/declaration/dutch-declaration.

VERZET &
EMPOWERMENT

Actie ondernemen – Wat jij kunt doen.

◆

De Bondgenoten vragen ons stelling te nemen voor het welzijn van onze wereld en in principe zelf Bondgenoten van de Mensheid te worden. Maar wil dat echt zijn dan moet deze toezegging zijn oorsprong hebben in ons geweten, het diepste deel van onszelf. Er is veel dat je kunt doen om de Interventie te neutraliseren en een positieve kracht te worden door jezelf en anderen om je heen sterker te maken.

Sommige lezers hebben aangegeven dat ze zich wanhopig voelden na het lezen van het Bondgenoten materiaal. Als dit ook jouw ervaring is, dan is het belangrijk je te herinneren dat het de bedoeling van de Interventie is om je te beïnvloeden zodat je of hun aanwezigheid hoopvol accepteert ofwel jezelf hulpeloos en machteloos tegenover hen voelt. Laat je niet op die manier beïnvloeden. Je vindt je kracht door actie te ondernemen. Wat kun je echt doen? Er is veel dat je kunt doen.

◆

Ontwikkel jezelf.

Voorbereiding moet beginnen bij bewustzijn en onderricht. Je moet begrijpen waar je mee te maken hebt. Neem informatie tot je over het UFO/ET fenomeen. Neem informatie tot je over de laatste planethologische en astrobiologische ontdekkingen die voor ons beschikbaar komen.

AANBEVOLEN LEESSTOF

- Zie "Aanvullend studiemateriaal" in de Appendix

◆

Bied weerstand aan de invloed van het Pacificatie Programma.

Bied weerstand aan het Pacificatie Programma. Laat je niet verleiden lusteloos te worden en niet te reageren op je Kennis. Bied weerstand aan de Interventie door bewustzijn, door verdediging en door begrip. Stimuleer menselijke samen-werking, eenheid en integriteit.

AANBEVOLEN LEESSTOF

- *De Spiritualiteit uit de Grotere Gemeenschap*, Hoofdstuk 6: "Wat is de Grotere Gemeenschap?" en Hoofdstuk 11: ""Waar dient jou voorbereiding voor?"
- *Leven volgens de Weg van Kennis*, Hoofdstuk 1: "Het leven in een opkomende wereld."

◆

Word je bewust van de Mentale Omgeving.

De Mentale Omgeving is de omgeving van gedachten en beïnvloeding waarin wij allemaal leven. Haar effect op ons denken, onze emoties en ons handelen is zelfs groter dan het effect van de fysieke omgeving. De Mentale Omgeving wordt nu rechtstreeks getroffen en beïnvloed door de Interventie. Ze wordt eveneens beïnvloed door overheids- en commerciële belangen overal om ons heen. Je Bewust worden van de Mentale Omgeving is cruciaal voor het behoud van jullie eigen vrijheid om vrijelijk en helder te denken. De eerste stap die je kunt zetten is bewust kiezen wie en wat je denken en beslissingen beïnvloedt via de inbreng die je krijgt vanaf buitenaf. Dit omvat media, boeken en vrienden die je beïnvloeden, familie en autoriteitsfiguren. Stel je eigen richtlijnen samen en leer hoe je helder, met onderscheidingsvermogen en objectiviteit, vast kunt stellen wat andere mensen, en zelfs de cultuur als geheel je vertellen. Ieder van ons moet leren bewust deze invloeden te onderscheiden teneinde de Mentale Omgeving waarin wij leven te beschermen en te verbeteren.

AANBEVOLEN LEESSTOF

- *Wijsheid van de Grotere Gemeenschap*, Bundel 2, Hoofdstuk 12: "Zelfexpressie en de Mentale Omgeving" en Hoofdstuk 15: "Hoe te reageren op de Grotere Gemeenschap"

◆

Bestudeer de Weg van Kennis uit de Grotere Gemeenschap.

Het leren van de Weg van Kennis van de Grotere Gemeenschap brengt je in direct contact met de diepere spirituele geest die de Schepper van al het leven in je geplaatst heeft. Op het niveau van deze diepere geest, voorbij je intellect, op het niveau van Kennis, ben je veilig voor inmenging en manipulatie door welke wereldlijke- of Grotere Gemeenschapsmacht dan ook. Kennis bevat tevens je hogere spirituele doel, datgene waarvoor jij in deze tijd in de wereld bent gekomen. Het is het centrum van je spiritualiteit. Je kunt je reis op De Weg van Kennis uit de Grotere Gemeenschap vandaag nog beginnen door online te starten met de studie van de Stappen naar Kennis op www.newmessage.org/nl.

AANBEVOLEN LEESSTOF

- *De Spiritualiteit uit de Grotere Gemeenschap*, Hoofdstuk 4: "Wat is Kennis?"
- *Leven volgens de Weg van Kennis*: alle hoofdstukken
- *Studie van de Stappen naar Kennis*: Het Boek van Innerlijk Weten.

◆

Vorm een Bondgenoten Leesgroep.

Kom met anderen samen en vorm een Bondgenoten Leesgroep om een positief klimaat te creëren waar het Bondgenoten materiaal diepgaand overdacht kan worden. Wij hebben ontdekt dat, wanneer mensen de Bondgenoten Briefings en de boeken van de Weg van Kennis uit de Grotere Gemeenschap hardop lezen in een ondersteunende groepssetting en wanneer het hen vrij staat om vragen en inzichten te delen al naar gelang die opkomen, hun begrip van het materiaal significant groeit. Dit is een manier om anderen te vinden die je bewustzijn en verlangen delen om de waarheid over de Interventie te weten. Je kunt al met één ander persoon beginnen.

AANBEVOLEN LEESSTOF

- *Wijsheid uit de Grotere Gemeenschap*, Bundel 2, Hoofdstuk 10: "Bezoeken uit de Grotere Gemeenschap", Hoofdstuk 15: "Reageren op de Grotere Gemeenschap", Hoofdstuk 17: "Hoe de bezoekers de Mensheid zien" en Hoofdstuk 28: "De realiteit van de Grotere Gemeenschap."
- *De Bondgenoten van de Mensheid*, Boek 2: alle hoofdstukken

◆

Bescherm het milieu en houd het in stand.

Met elke dag die voorbij gaat, leren we meer en meer over de noodzaak om het milieu in stand te houden, te beschermen en te herstellen. Zelf als de Interventie niet zou bestaan, zou dit nog altijd een prioriteit zijn. Toch geeft de boodschap van de Bondgenoten een nieuwe impuls tot en een nieuw inzicht in de noodzaak om duurzaam gebruik te maken van de natuurlijke hulpbronnen van onze wereld. Word je bewust van hoe je leeft en wat je consumeert en kijk wat je kunt doen om het milieu te ondersteunen. Zoals de Bondgenoten onderstrepen, zal onze zelfvoorziening als ras noodzakelijk zijn om onze vrijheid en onze vooruitgang binnen een Grotere Gemeenschap van intelligent leven veilig te stellen.

AANBEVOLEN LEESSTOF

- *Wijsheid uit de Grotere Gemeenschap*, Bundel 1, Hoofdstuk 14: "Wereldevolutie

- *Wijsheid uit de Grotere Gemeenschap*, Bundel 2, Hoofdstuk 25: "Leefomgevingen

◆

Vertel het nieuws over de Briefings van de Bondgenoten van de Mensheid.

Het delen met anderen van de boodschap van de Bondgenoten is van vitaal belang om de volgende redenen:

— Je helpt de verlammende stilte te doorbreken die de realiteit en het spookbeeld van de buitenaardse Interventie omgeeft.

— Je helpt het isolement te verbreken dat mensen verhindert om contact met elkaar te maken over deze enorme uitdaging.

— Je maakt hen die onder invloed van het Pacificatie Programma geraakt zijn wakker en geeft hen een kans om hun eigen verstand te gebruiken om de betekenis van dit fenomeen opnieuw te beoordelen.

— Je versterkt het voornemen in jezelf en in anderen om niet te capituleren voor ofwel angst voor ofwel vermijding van het aangaan van de enorme uitdaging van onze tijd.

— Je bevestigt het inzicht en de Kennis van andere mensen over de Interventie.

— Je helpt het verzet op poten te zetten dat de Interventie kan dwarsbomen en het empowerment kan bevorderen waardoor de mensheid de eenheid en kracht krijgt haar eigen Regels voor Interactie op te stellen.

HIER ZIJN ENKELE CONCRETE STAPPEN DIE JE VANDAAG AL KUNT ZETTEN:

— Deel dit boek met deze boodschap met anderen. De complete eerste set briefings kun je nu gratis lezen lezen en downloaden op de website van de Bondgenoten: www.alliesofhumanity.org/nl.

— Lees de Verklaring van Menselijke Soevereiniteit en deel dit waardevolle document met anderen. Het kan online gelezen en geprint worden op www.humansovereignty.org/declaration/dutch-declaration.

— Stimuleer je lokale boekwinkel en bibliotheek om alle boeken van De Bondgenoten van de Mensheid en andere boeken van Marshall Vian Summers aan te schaffen. Andere lezers krijgen hierdoor makkelijker toegang tot het materiaal.

— Deel het Bondgenoten materiaal en hun visie in bestaande forums en discussiegroepen wanneer het van toepassing is.

— Woon gerelateerde conferenties en bijeenkomsten bij en deel het perspectief van de Bondgenoten.

— Vertaal de Briefings van de Bondgenoten van de Mensheid. Als je meerdere talen spreekt, overweeg dan alsjeblieft of je kunt helpen met vertalen teneinde ze voor meer lezers in de hele wereld beschikbaar te maken.

— Neem contact op met de New Knowledge Library om een gratis promotiepakket te ontvangen met materiaal dat jou kan helpen om deze boodschap met anderen te delen.

AANBEVOLEN LEESSTOF

- *Leven volgens de Weg van Kennis*, Hoofdstuk 9: "Hoe de Weg van Kennis te delen met Anderen"

- *Wijsheid uit de Grotere Gemeenschap*, Bundel 2, Hoofdstuk 19: "Moed"

◆

Dit is geenszins een complete lijst. Het is slechts een begin. Kijk naar je eigen leven en zie welke mogelijkheden daar eventueel liggen, en wees open naar je eigen Kennis en inzichten over dit onderwerp. Naast de hierboven genoemde dingen die je kunt doen, hebben mensen al creatieve manieren gevonden om de Bondgenoten boodschap tot uitdrukking te brengen – door kunst, door muziek, door poëzie. Vind je eigen manier.

BOODSCHAP VAN
MARSHALL VIAN SUMMERS

◆

Gedurende 25 jaar ben ik ondergedompeld in een religieuze ervaring. Dit heeft geresulteerd in het ontvangen van een enorme hoeveelheid geschriften over de aard van menselijke spiritualiteit en de menselijke bestemming binnen een groter veld van intelligent leven in het Universum. Deze geschriften die deel uitmaken van het onderricht over de Weg van Kennis uit de Grotere Gemeenschap, bevatten een theologisch raamwerk dat rekenschap geeft van leven en de aanwezigheid van God binnen de Grotere Gemeenschap; de immense uitgestrektheid van ruimte en tijd die wij kennen als ons Universum.

De kosmologie die ik op dit moment ontvang bevat vele boodschappen, waarvan één over de mensheid gaat die opkomt in een Grotere Gemeenschap van intelligent leven en dat we ons hierop moeten voorbereiden. Inherent aan deze boodschap is het inzicht dat de mensheid niet alleen in het Universum en zelfs niet alleen in onze eigen wereld is, en dat binnen deze Grotere Gemeenschap de mensheid vrienden, concurrenten en tegenstanders zal hebben.

Deze grotere realiteit werd dramatisch bevestigd door de plotselinge en onverwachte overdracht van de eerste set Briefings van de Bondgenoten van de Mensheid in 1997. Drie jaar daarvoor, in 1994, had ik het theologisch raamwerk ontvangen om de

Bondgenoten Briefings te kunnen begrijpen in mijn boek *Spiritualiteit uit de Grotere Gemeenschap: Een Nieuwe Openbaring*. Op dat moment, als resultaat van mijn spirituele werk en geschriften, werd het mij duidelijk dat de mensheid bondgenoten in het Universum heeft die bezorgd zijn over het welzijn en de toekomst van ons ras.

Binnen de groeiende kosmologie die aan mij werd geopenbaard is het inzicht vervat dat in de geschiedenis van intelligent leven in het Universum ethisch gevorderde rassen de plicht hebben om hun wijsheid door te geven aan jonge opkomende rassen zoals het onze en dat dit doorgeven plaats moet vinden zonder directe bemoeienis of ingrijpen in de aangelegenheden van dat jonge ras. De bedoeling in dit geval is om te informeren, niet om in te grijpen. Dit "naar beneden doorgeven van wijsheid" vertegenwoordigt een lang bestaand ethisch raamwerk betreffende Contact met opkomende rassen en hoe het uitgevoerd zou moeten worden. De twee sets Briefings van de Bondgenoten van de Mensheid zijn een duidelijk toonbeeld van dit model van niet-bemoeien en ethisch Contact. Dit model zou een leidraad en een standaard moeten zijn die wij van andere rassen zouden mogen verwachten bij hun poging om contact met ons te maken of onze wereld te bezoeken. Dit toonbeeld van ethisch Contact staat echter in sterk contrast met de Interventie die op dit moment plaatsvindt in de wereld.

Wij schuiven op naar een toestand van extreme kwetsbaarheid. Met het schrikbeeld van het opraken van hulpbronnen, de verslechtering van het milieu en het risico van verdere verscheuring van de menselijke familie, hetgeen met de dag toeneemt, zijn wij rijp voor Interventie. Wij leven in ogenschijnlijk isolement op een rijke en waardevolle planeet waarnaar gezocht wordt door anderen van voorbij onze kusten. Wij zijn afgeleid en verdeeld en zien het grote gevaar niet dat plaats vindt aan onze grenzen. Het is een verschijnsel dat zich in de geschiedenis keer op keer herhaald heeft als we kijken naar het lot van geïsoleerde inheemse volkeren die voor de eerste keer geconfronteerd werden met Interventie. Wij zijn niet realistisch in onze veronderstellingen aangaande de machten en de goede bedoelingen van intelligent leven in het Universum. En wij beginnen nu pas goed de toestand te bekijken die wij voor onszelf gecreëerd hebben binnen onze eigen wereld.

De impopulaire waarheid is dat de menselijke familie niet gereed is voor een directe ervaring van Contact en zeker niet gereed voor een interventie. Wij moeten eerst ons huis op orde brengen. Wij zijn als soort nu nog niet volwassen genoeg om ons in te laten met andere rassen in de Grotere Gemeenschap vanuit een positie van eenheid, kracht en inzicht. En pas als wij zo'n positie bereikt hebben, als we daar ooit toe in staat zouden zijn, pas dan zou een ander ras kunnen proberen om zich direct te bemoeien met onze wereld. De Bondgenoten leveren ons broodnodige wijsheid en perspectief, maar ze grijpen niet in. Zij vertellen ons dat ons lot in onze handen ligt en ook moet liggen. Dat is de last van vrijheid in het Universum.

Hoe dan ook, ook al zijn we er niet klaar voor, Interventie vindt plaats. De mensheid moet zich nu hierop voorbereiden, de drempel met de meest vergaande consequenties uit de menselijke geschiedenis. We zijn niet slechts een toevallige getuige van dit verschijnsel, we zitten er midden in. Het gebeurt gewoon, of we ons er nu bewust van zijn of niet. Het is zo krachtig dat het de uitkomst voor de mensheid kan veranderen. En het heeft alles te maken met wie wij zijn en waarom wij hier in de wereld zijn in deze tijd.

De Weg van Kennis uit de Grotere Gemeenschap is gegeven om zowel de lering als de voorbereiding te leveren die wij nu nodig hebben om deze drempel onder ogen te zien, om de menselijke geest te vernieuwen en om een nieuwe koers uit te zetten voor de menselijke familie. De Weg is gericht op de noodzaak tot menselijke vereniging en samenwerking; het belang van Kennis, onze spirituele intelligentie en de grotere verantwoordelijkheden die we nu op ons moeten nemen op de grens van de ruimte. De Weg van Kennis vertegenwoordigt een Nieuwe Boodschap van de Schepper van al het leven.

Het is mijn missie om deze grotere kosmologie en voorbereiding de wereld in te brengen en daarmee nieuwe hoop en een belofte voor een worstelende mensheid. Mijn lange voorbereiding en het immense lesmateriaal in de Weg van Kennis van de Grotere Gemeenschap zijn hier speciaal voor dit doel. De Briefings van Bondgenoten van de Mensheid zijn slechts een klein deel van deze grotere boodschap. Het is nu tijd om onze voortdurende conflicten te beëindigen en ons voor te bereiden op leven in de Grotere Gemeenschap. Om dit te bewerkstelligen hebben wij een nieuw inzicht nodig in onszelf als één volk – de autochtone bevolking van deze wereld, geboren uit één spiritualiteit – en in onze kwetsbare positie als jong opkomend ras in het Universum. Dit is mijn boodschap voor de mensheid en dit is waarom ik gekomen ben.

MARSHALL VIAN SUMMERS

2008

Appendix

◆

OMSCHRIJVING VAN GEBRUIKTE TERMEN

◆

DE BONDGENOTEN VAN DE MENSHEID: Een klein groep van fysieke wezens uit de Grotere Gemeenschap die zich schuil houden in de nabijheid van onze wereld binnen onze zonnestelsel. Hun missie bestaat uit het observeren van, het rapporteren en ons adviseren over de activiteiten van de buitenaardse bezoekers en de interventie in de wereld vandaag de dag. Zij vertegenwoordigen de Wijzen in vele werelden.

DE BEZOEKERS: Een aantal andere rassen uit de Grotere Gemeenschap die onze wereld "bezoeken" zonder onze toestemming en die zich actief inmengen in de menselijke aangelegenheden. De bezoekers zijn verwikkeld in een lang proces van integratie in de stof en de ziel van het menselijk leven, teneinde heerschappij over de hulpbronnen en de bevolking van de wereld te verkrijgen

DE INTERVENTIE: De aanwezigheid, het doel en de activiteiten van de bezoekers in de wereld.

HET PACIFICATIE PROGRAMMA: Het programma van de bezoekers van misleiding en beïnvloeding waarmee geprobeerd wordt het bewustzijn en onderscheidingsvermogen van mensen ten opzichte van de Interventie te verzwakken om de mensheid passief en meegaand te maken.

DE GROTERE GEMEENSCHAP: De ruimte. Het immense fysieke en spirituele Universum waarin de mensheid opkomt, dat ontelbare manifestaties van intelligent leven bevat.

DE ONGEZIENEN: De Engelen van de Schepper die toezicht houden op de spirituele ontwikkeling van bewuste wezens overal in de Grotere Gemeenschap. De Bondgenoten noemen ze "De Ongezienen".

DE MENSELIJKE BESTEMMING: De mensheid is voorbestemd om op te komen in de Grotere Gemeenschap. Dit is onze evolutie.

DE COLLECTIEVEN: Complexe hiërarchische organisaties die uit meerdere buitenaardse rassen bestaan, die met elkaar verbonden zijn door een gemeenschappelijke loyaliteit. Er is vandaag de dag meer dan één collectief in de wereld aanwezig, waar de buitenaardse bezoekers bij thuishoren. De collectieven hebben concurrerende agenda's.

DE MENTALE OMGEVING: De omgeving van gedachten en mentale invloed.

KENNIS: De spirituele intelligentie die binnen ieder persoon leeft. De Bron van alles wat we weten. Intrinsiek begrip. Eeuwige Wijsheid. Het tijdloze deel van onszelf dat niet kan worden beïnvloed, gemanipuleerd of gecorrumpeerd. In aanleg aanwezig in alle intelligent leven. Kennis is God in jou en God is alle Kennis in het Universum.

DE WEGEN VAN INZICHT: Verschillende leringen in De Weg van Kennis die in vele werelden van de Grotere Gemeenschap onderwezen worden.

DE WEG VAN KENNIS UIT DE GROTERE GEMEENSCHAP: Een spirituele lering van de Schepper die in veel werelden in de Grotere Gemeenschap beoefend wordt. Zij leert je hoe je Kennis kunt ervaren en tot uiting kunt brengen , en hoe je individuele vrijheid kunt behouden in het Universum. Deze lering werd hiernaartoe gezonden om de mensheid op de realiteit van leven in de Grotere Gemeenschap voor te bereiden.

COMMENTAAR OP DE
BONDGENOTEN VAN DE MENSHEID

◆

Ik was diep onder de indruk van De Bondgenoten van de Mensheid.... omdat de boodschap naar waarheid klinkt. Radarcontacten, effecten op de grond, videobanden en film bewijzen allemaal dat UFO's echt zijn. Nu moeten we over de echte vraag nadenken: de agenda van hun inzittenden. De Bondgenoten van de Mensheid confronteert ons met deze kwestie, die wel eens kritiek zou kunnen blijken te zijn voor de toekomst van de mensheid."

— Jim Marrs, auteur van
Alien Agenda en Rule by Secrecy

In het licht van mijn decennialange studie van zowel channelen als ufologie/wetenschap van het buitenaardse, sta ik zeer positief tegenover zowel Summers als doorgeefkanaal als tegenover de boodschap van zijn geïnformeerde bronnen in dit boek. Ik ben diep onder de indruk van zijn integriteit als menselijk wezen, als ziel en als waar channel. In hun boodschap en handelwijze laten zowel Summers als zijn bronnen mij op overtuigende manier een instelling zien van ware dienstbaarheid-aan-anderen, tegenover de zoveel voorkomende menselijke, en klaarblijkelijk nu zelfs ook buitenaardse, instelling van dienstbaarheid-aan-jezelf.

Hoewel serieus en waarschuwend van toon, krijgt mijn ziel door de boodschap in dit boek energie en kracht door de belofte van de wonderen die onze soort te wachten staan als we deelnemen aan de Grotere Gemeenschap. Tegelijkertijd moeten wij onze relatie met onze Schepper vinden en aanvaarden, een relatie waarop wij door onze geboorte recht hebben, om er zeker van te zijn dat we niet gaandeweg op onfatsoenlijke wijze gemanipuleerd of uitgebuit worden door sommige leden van die grotere gemeenschap."

> — JON KLIMO, auteur van
> *Channeling: Investigations on*
> *Receiving Information from*
> *Paranormal Sources*

Dertig jaar lang heb ik het verschijnsel van UFO's en buitenaardse ontvoeringen bestudeerd; het was als het leggen van een gigantische legpuzzel. Uw boek gaf mij eindelijk een raamwerk waarbinnen de resterende stukjes ingepast konden worden.

> — ERICK SCHWARTZ, LCSW,
> California

Bestaat er iets als een gratis lunch in de kosmos? De Bondgenoten van de Mensheid wijst er met klem op dat dat er niet is."

> — ELAINE DOUGLASS,
> MUFON Co-state directeur, Utah

De Bondgenoten zullen grote weerklank vinden bij de Spaans sprekende bevolking in de hele de wereld. Dit kan ik verzekeren! Zoveel mensen, niet alleen in mijn land, strijden voor hun rechten op behoud van hun cultuur! ! Jullie boeken bevestigen slechts wat zij ons al zo lang, op zoveel manieren, proberen te vertellen."

— INGRID CABRERA, Mexico

Dit boek resoneerde diep in mij. Voor mij is [De Bondgenoten van de Mensheid] niets minder dan grensverleggend. Hulde aan de krachten, menselijk en anders, die dit boek in de wereld hebben gebracht en ik bid dat er aandacht geschonken wordt aan haar dringende waarschuwing."

— RAYMOND CHONG, Singapore

Veel van het Bondgenoten materiaal resoneert met wat ik geleerd heb of instinctief aanvoel als waarheid."

— TIMOTHY GOOD, Brits UFO onderzoeker autheur van Beyond Top *Secret and Unearthly Disclosure*

VERDERE STUDIE

◆

*D*E BONDGENOTEN VAN DE MENSHEID behandelt fundamentele vragen over de realiteit, de aard en het doel van de
buitenaardse aanwezigheid in de wereld van vandaag. Dit boek
roept echter veel nieuwe vragen op die onderzocht moeten worden
middels verdere studie. Als zodanig werkt het als een katalysator
voor meer bewustzijn en een oproep tot actie.

Om meer te leren zijn er twee sporen die de lezer kan volgen,
zowel afzonderlijk als samen. Het eerste spoor is de studie van het
UFO/ET fenomeen op zich, dat gedurende de laatste vier decennia
vaak gedocumenteerd is door onderzoekers die veel verschillende
gezichtspunten vertegenwoordigen. Op de volgende pagina's hebben wij een aantal belangrijke bronnen over dit onderwerp
opgesomd waarvan wij vinden dat zij in het bijzonder relevant zijn
voor het Bondgenoten materiaal. Wij moedigen alle lezers aan om
zich beter op de hoogte te stellen over dit fenomeen.

Het tweede spoor is voor lezers die de spirituele implicaties van
dit fenomeen willen onderzoeken en wat je persoonlijk kunt doen
om je voor te bereiden. Hiervoor bevelen wij de geschriften van MV
Summers aan die genoemd worden op de volgende pagina's.

Als je op de hoogte wilt blijven van nieuw materiaal betreffende
DE BONDGENOTEN VAN DE MENSHEID kun je de website
www.alliesofhumanity.org/nl bezoeken. Voor meer informatie over

De weg van Kennis uit de Grotere Gemeenschap, ga naar: www.newmessage.org of www.newmessage.org/nl.

AANVULLEND STUDIEMATERIAAL

◆

Hieronder volgt een inleidende lijst van studiemateriaal betreffende het UFO/ ET fenomeen. Het is geenszins bedoeld als een complete bibliografie over het onderwerp maar slechts als startpunt. Als je onderzoek naar de werkelijkheid van het fenomeen eenmaal op gang is gekomen, zal er meer en meer stof zijn die je kunt onderzoeken, zowel van deze bronnen als van andere. We adviseren je om steeds je onderscheidingsvermogen te gebruiken.

BOEKEN

Berliner, Don: *UFO Briefing Document*, Dell Publishing, 1995.

Bryan, C.D.B.: *Close Encounters of the Fourth Kind: Alien Abduction, UFOs and the Conference at MIT*, Penguin, 1996.

Dolan, Richard: *UFOs and the National Security State: Chronology of a Coverup*, 1941-1973, Hampton Roads Publishing, 2002.

Fowler, Raymond E.: *The Allagash Abductions: Undeniable Evidence of Alien Intervention*, 2nd Edition, Granite Publishing, LLC, 2005.

Good, Timothy: *Unearthly Disclosure*, Arrow Books, 2001.

Grinspoon, David: *Lonely Planets: The Natural Philosophy of Alien Life*, Harper Collins Publishers, 2003.

Hopkins, Budd: *Missing Time*, Ballantine Books, 1988.

Howe, Linda Moulton: *An Alien Harvest*, LMH Productions, 1989.

Jacobs, David: *The Threat: What the Aliens Really Want*, Simon & Schuster, 1998.

Mack, John E.: *Abduction: Human Encounters with Aliens*, Charles Scribner's Sons, 1994.

Marrs, Jim: *Alien Agenda: Investigating the Extraterrestrial Presence Among Us*, Harper Collins, 1997.

Sauder, Richard: *Underwater and Underground Bases*, Adventures Unlimited Press, 2001.

Turner, Karla: *Taken: Inside the Alien-Human Abduction Agenda*, Berkeley Books, 1992.

DVDs

The Alien Agenda and the Ethics of Contact with Marshall Vian Summers, MUFON Symposium, 2006. Beschikbaar via New Knowledge Library.

The ET Intervention and Control in the Mental Environment, with Marshall Vian Summers, Conspiracy Con, 2007. Beschikbaar via New Knowledge Library.

Out of the Blue: The Definitive Investigation of the UFO Phenomenon, Hanover House, 2007. To order: http://outofthebluethemovie.com/

WEBSITES

www.humansovereignty.org

www.humansovereignty.org/declaration/dutch-declaration

www.alliesofhumanity.org

www.alliesofhumanity.org/nl

www.newmessage.org

www.newmessage.org/nl

FRAGMENTEN UIT DE BOEKEN VAN DE WEG VAN KENNIS UIT DE GROTERE GEMEENSCHAP

"Je bent niet slechts een menselijk wezen in deze ene wereld. Je bent een burger van de Grotere Gemeenschap van werelden. Dit is het fysieke Universum dat je herkent via je zintuigen. Het is veel groter dan je nu kunt begrijpen... Je bent een burger van een groter fysiek Universum. Dit bevestigt niet alleen je Afkomst en je Erfenis, maar ook je levensdoel in deze tijd, want de wereld van de mensheid is aan het doorgroeien naar leven in de Grotere Gemeenschap van werelden. Je weet dit, alhoewel jouw overtuigingen hier misschien op dit moment nog geen rekening mee houden."

> — *Stappen naar Kennis*:
> Stap 187: Ik ben een burger van de
> Grotere Gemeenschap van
> Werelden

"Je bent in de wereld gekomen op een groot keerpunt, een keerpunt waarvan je slechts een deel zal te zien zal krijgen gedurende je eigen leven. Het is een keerpunt waarin jouw wereld contact krijgt met de werelden in haar nabijheid. Dit is de natuurlijke evolutie van de mensheid, zoals het de natuurlijke evolutie is voor al het intelligent leven in alle werelden."

> — *Stappen naar Kennis*:
> Stap 190: De wereld komt op in de Grotere Gemeenschap van werelden en daarom ben ik gekomen.

"Je hebt grote vrienden voorbij deze wereld. Daarom probeert de mensheid de Grotere Gemeenschap binnen te treden, aangezien de Grotere Gemeenschap een bredere verscheidenheid van haar ware relaties vertegenwoordigt. Je hebt echte vrienden voorbij de wereld omdat je niet alleen in de wereld bent en niet alleen in de Grotere Gemeenschap van werelden bent. Je hebt vrienden voorbij deze wereld omdat jouw Spirituele Familie overal haar vertegenwoordigers heeft. Je hebt vrienden voorbij deze wereld omdat je niet alleen aan de evolutie van jouw wereld werkt, maar eveneens aan de evolutie van het Universum. Voorbij je voorstellingsvermogen, voorbij jouw conceptuele mogelijkheden is dit een absolute waarheid."

> — *Stappen naar Kennis*:
> Stap 211: Ik heb grote vrienden buiten deze wereld.

"Reageer niet met hoop. Reageer niet met angst. Antwoord met Kennis."

— *Wijsheid uit de Grotere*
Gemeenschap: Tweede deel
Hoofdstuk 10: Bezoek uit de
Grotere Gemeenschap

"Waarom gebeurt dit?" De Wetenschap kan dit niet beantwoorden. Logica kan dit niet beantwoorden. Wensdenken kan dat niet beantwoorden. Angstige zelfbescherming kan dat niet beantwoorden. Wat kan dit wél beantwoorden? Deze vraag moet je met een andere mindset benaderen, met andere ogen bekijken en het op een andere manier ervaren."

— *Wijsheid uit de Grotere*
Gemeenschap: Tweede deel
Hoofdstuk 10: Bezoek uit de
Grotere Gemeenschap

"Nu moet je over God in de Grotere Gemeenschap denken -niet een menselijke God, niet een God uit je opgetekende geschiedenis, niet een God van jouw beproevingen en tegenslagen , maar een God voor alle tijden, voor alle rassen, voor alle dimensies, voor diegenen die primitief zijn en voor diegenen die gevorderd zijn, voor diegenen die denken zoals jij en voor diegenen die heel anders denken, voor diegenen die geloven en voor diegenen voor wie geloof onverklaarbaar is. Dit is God in de Grotere Gemeenschap. En dit is waar je moet beginnen."

— *Spiritualiteit uit de Grotere Gemeenschap*
Hoofdstuk 1: Wat is God?

"Jij bent nodig in de wereld. Het is tijd om je voor te bereiden. Het is tijd om gefocust en vastberaden te worden. Hieraan valt niet te ontkomen, want alleen zij die ontwikkeld zijn in De Weg van Kennis zullen in de toekomst geschikt en in staat zijn om hun vrijheid te behouden in een mentale omgeving die in toenemende mate beïnvloed zal worden door de Grotere Gemeenschap."

— *Living The Way of Knowledge:*
Hoofdstuk 6: De Zuil van
Spirituele Ontwikkeling

"Er zijn hier geen helden. Niemand wordt hier aanbeden. Er moet gebouwd worden aan een fundament. Er moet gewerkt worden. Je moet je voorbereiden. En er is een wereld die je moet dienen."

— *Living The Way of Knowledge:*
Hoofdstuk 6: De Zuil van
Spirituele Ontwikkeling

"De Weg van Kennis uit de Grotere Gemeenschap wordt gepresenteerd in de wereld, waar zij onbekend is. Zij heeft hier geen voorgeschiedenis en geen achtergrond. Mensen zijn er niet aan gewend. Zij strookt niet automatisch met hun ideeën, overtuigingen of verwachtingen. Zij past zich niet aan aan de huidige religieuze opvattingen van de wereld. Zij verschijnt naakt –zonder ritueel en praal, zonder rijkdom en overdaad. Zij is zuiver en eenvoudig. Zij is als een kind in de wereld. Zij is ogenschijnlijk kwetsbaar en toch vertegenwoordigt zij een Grotere Realiteit en een grotere belofte voor de mensheid."

— *Spiritualiteit uit de Grotere Gemeenschap:* Hoofdstuk 22: Waar kan Kennis gevonden worden?

"Er zijn er in de Grotere Gemeenschap die krachtiger zijn dan jij. Zij kunnen jou te slim af zijn, maar alleen als je niet oplet. Zij kunnen je geest beïnvloeden, maar zij kunnen haar niet onder controle brengen als je met Kennis bent."

— *Living The Way of Knowledge:* Hoofdstuk 10: Aanwezig zijn in de wereld

De Mensheid leeft in een heel groot huis. Een deel van het huis staat in brand. En anderen zijn hier op bezoek en willen bepalen hoe het vuur geblust kan worden in hun voordeel."

— *Living The Way of Knowledge:* Hoofdstuk 11: Voorbereiden op de Toekomst

"Ga tijdens een heldere nacht naar buiten en kijk omhoog. Jouw bestemming ligt daar. Jouw moeilijkheden liggen daar. Jouw kansen liggen daar. Jouw verlossing ligt daar."

> — *Spiritualiteit uit de Grotere Gemeenschap:*
> Hoofdstuk 15: Wie dient de Mensheid?

"Je mag nooit aannemen dat een gevorderd ras verstandiger is, tenzij het sterk met Kennis is. In feite, zouden zij even sterk gekant kunnen zijn tegen Kennis als jij. Kennis moet bewijzen of oude e gewoonten, rituelen, structuren en autoriteiten nog voldoen. Daarom is zelfs in de Grotere Gemeenschap de man of vrouw van Kennis een machtige kracht."

> — *Stappen naar Kennis:*
> Hogere Niveaus

"Jouw onverschrokkenheid in de toekomst moet niet voortkomen uit uiterlijk vertoon, maar voortvloeien uit jouw zekerheid in Kennis. Op deze manier zal je een toevluchtsoord van vrede en een bron van rijkdom zijn voor anderen. Dit is wie je bedoeld bent te zijn. Hierom ben je in de wereld gekomen."

> — *Stappen naar Kennis:*
> Stap 162: Vandaag zal ik niet bang zijn.

"Het is geen gemakkelijke tijd om in de wereld te zijn, maar als het leveren van een bijdrage jouw doel en intentie is, is het de juiste tijd om in de wereld te zijn."

— *Spiritualiteit uit de Grotere Gemeenschap:*
Hoofdstuk 11: Waar dient jouw voorbereiding voor?

"Om jouw missie uit te kunnen voeren, moet je geweldige bondgenoten hebben, omdat God weet dat jij dit niet in je eentje kan doen."

— *Spiritualiteit uit de Grotere Gemeenschap:*
Hoofdstuk 12: Wie zal je ontmoeten?

"De Schepper zou de mensheid niet zonder voorbereiding in de Grotere Gemeenschap laten zitten. En hiervoor wordt De Weg van Kennis uit de Grotere Gemeenschap aangeboden. Zij is voortgekomen uit de Grote Wil van het Universum. Ze is gecommuniceerd via de Engelen van het Universum, die de opkomst van Kennis overal in het Universum dienen en die relaties ontwikkelen die Kennis overal vorm kunnen geven. Dit is het werk van het Goddelijke in de wereld, niet om je naar het Goddelijke toe te brengen, maar om je naar de wereld te brengen, want de wereld heeft jou nodig. Daarom ben je hiernaartoe gezonden. Daarom heb je ervoor gekozen om te komen. En je hebt gekozen om te komen om de opkomst van de wereld in de Grotere Gemeenschap te dienen en te steunen, want dat is waar de mensheid behoefte aan heeft in deze tijd en die enorme behoefte zal al het andere wat de mens nodig heeft overschaduwen in de tijden die komen gaan."

— *Spiritualiteit uit de Grotere Gemeenschap:*
Introductie

OVER DE AUTEUR

Alhoewel hij niet echt bekend is in de wereld vandaag de dag, zou Marshall Vian Summers uiteindelijk wel eens erkend kunnen worden als de meest belangrijke spirituele leraar die gedurende onze tijd verschenen is. Meer dan twintig jaar schrijft en onderwijst hij in alle rust een spiritualiteit die de onmiskenbare realiteit bevestigt dat de mensheid in een uitgestrekt en bevolkt Universum leeft en zich nu dringend moet voorbereiden op haar opkomst in de Grotere Gemeenschap van intelligent leven.

MV Summers onderwijst de discipline van Kennis, of innerlijk weten. "Onze diepste intuïtie," zegt hij, "is slechts een externe expressie van de grote kracht van Kennis." Zijn boeken *Stappen naar Kennis: Het Boek van Innerlijk Weten*, winnaar van het jaar 2000 Book of the Year Award for Spirituality in de Verenigde Staten en *Spiritualiteit uit de Grotere Gemeenschap: Een Nieuwe Openbaring* vormen samen een basis die gezien kan worden als de eerste "Theologie van Contact." Het is heel goed mogelijk dat de complete verzamelde werken, zo'n twintig delen, waarvan op dit moment slechts een klein deel is gepubliceerd door de New Knowledge Library, wel eens onder de meest originele en geavanceerde spirituele leringen uit de moderne geschiedenis geschaard zouden kunnen worden. Hij is eveneens de Oprichter van de Society for the

Greater Community Way of Knowledge, een religieuze non-profit organisatie.

Met de *Bondgenoten van de Mensheid*, wordt Marshall Vian Summers misschien wel de eerste belangrijke spirituele leraar die een duidelijke waarschuwing laat klinken betreffende de ware aard van de Interventie die nu plaatsvindt in de wereld, waarbij hij oproept tot persoonlijke verantwoordelijkheid, studie en collectief bewustzijn. Hij heeft zijn leven gewijd aan het ontvangen van De Weg van Kennis van de Grotere Gemeenschap, een geschenk van de Schepper aan de mensheid. Hij heeft het op zich genomen om deze Nieuwe Boodschap van God in de wereld te brengen. Op www.newmessage.org/nl kun je online over de Nieuwe Boodschap lezen.

OVER DE SOCIETY

◆

De Society for the Greater Community Way of Knowledge heeft een omvangrijke missie in de wereld. De Bondgenoten van de Mensheid hebben het probleem van de Interventie en alles wat dat betekent gepresenteerd. Als reactie op deze serieuze uitdaging is een spirituele oplossing gegeven in de vorm van de spirituele lering van De Weg van Kennis van de Grotere Gemeenschap. Deze lering levert het inzicht in en de spirituele voorbereiding op de Grotere Gemeenschap, die de mensheid nodig zal hebben om ons recht op zelfbeschikking te behouden en met succes onze plaats als een opkomende wereld binnen een groter Universum van intelligent leven in te nemen.

De missie van de Society is het presenteren van deze Nieuwe Boodschap voor de mensheid middels publicaties, websites, educatieve programma's en contemplatieve diensten en retraitesHet doel van de Society is om mannen en vrouwen van Kennis op te leiden die de eerste wegbereiders zullen zijn voor de voorbereiding op de Grotere Gemeenschap in de wereld van vandaag en die een begin zullen maken met het vormen van een tegenwicht tegen de impact van de Interventie. Deze mannen en vrouwen zullen verantwoordelijk zijn voor het levend houden van Kennis en wijsheid in de wereld naarmate de strijd voor de vrijheid van de mensheid heviger wordt. De Society werd in 1992 door Marshall

Vian Summers opgericht als een religieuze non-profit organisatie. In de loop der jaren heeft zich een groep toegewijde studenten verzameld om hem direct te assisteren. De Society wordt gesteund en onderhouden door deze kern van toegewijde studenten die geëngageerd zijn om een nieuw spiritueel bewustzijn en voorbereiding in de wereld te brengen. De missie van de Society vereist steun en participatie van veel meer mensen. Vanwege de ernst van de toestand van de wereld is er een dringende behoefte aan Kennis en voorbereiding. Daarom roept de Society mannen en vrouwen overal op om ons te helpen het geschenk van deze Nieuwe Boodschap aan de wereld te geven op dit kritieke keerpunt in onze geschiedenis.

Als religieuze non-profit organisatie wordt de Society volledig door vrijwillige activiteiten, tienden en contributies gedragen. Echter, de toenemende noodzaak om mensen over de hele wereld te bereiken en voor te bereiden gaat het vermogen van de Society om haar missie te vervullen te boven. Jij kunt via jouw bijdrage een deel van deze grootse missie worden. Deel de Boodschap van de Bondgenoten met anderen. Help het bewustzijn te vergroten van het feit dat wij één volk en één wereld zijn die opkomen in een grotere arena van intelligent leven. Word een student van de Weg van Kennis. En als je een sponsor van deze belangrijke onderneming wilt worden of als je iemand kent die dat wel zou willen, neem dan alsjeblieft contact op met de Society. Jouw financiële bijdrage is nu nodig om de verspreiding van de kritische boodschap van de Bondgenoten over de gehele wereld mogelijk te maken en om mee te helpen het tij voor de mensheid te keren.

◆

"Jij staat op het punt om iets van

het hoogste belang te ontvangen,

iets dat nodig is in de wereld –

iets dat overgebracht wordt

naar de wereld en vertaald naar de wereld toe.

Jij bent een van de eersten

die dit zal ontvangen.

Welnu, ontvang het."

SPIRITUALITEIT UIT DE GROTERE GEMEENSCHAP

THE SOCIETY FOR THE GREATER COMMUNITY
WAY OF KNOWLEDGE

P.O. Box 1724 • Boulder, CO 80306-1724

(303) 938-8401, fax (303) 938-1214

society@newmessage.org

www.alliesofhumanity.org   www.newmessage.org

www.alliesofhumanity.org/nl   www.newmessage.org/nl

OVER HET VERTAALPROCES VAN DE OPENBARING

De Boodschapper, Marshall Vian Summers, ontvangt sinds 1983 een Nieuwe Boodschap van God. De Nieuwe Boodschap van God is de grootste Openbaring ooit aan de mensheid gegeven. Zij wordt nu gegeven aan een geletterde wereld met wereldwijde communicatiemogelijkheden en een groeiend wereldbewustzijn. Zij wordt niet gegeven aan één stam, één natie of één godsdienst alleen, maar in plaats daarvan om de gehele wereld bereiken. Daarom moet zij in zoveel mogelijk talen vertaald worden.

Het proces van Openbaring wordt nu voor de eerste keer in de geschiedenis bekend gemaakt. In dit bijzondere proces communiceert de Aanwezigheid van God zonder woorden met de Raad van Engelen die over de wereld waakt. De Raad vertaalt vervolgens deze communicatie in menselijke taal en spreekt als één stem door hun Boodschapper, wiens stem de drager wordt voor deze grotere Stem – de Stem van Openbaring. De woorden worden in het Engels gesproken en ter plekke met audio apparatuur opgenomen. Daarna worden ze uitgeschreven en beschikbaar gesteld, als teksten en geluidsopnames van de Nieuwe Boodschap. Op deze manier wordt de zuiverheid van God's oorspronkelijke Boodschap behouden en kan zij aan alle mensen gegeven worden.

Maar er is ook een proces van vertalen. Omdat de oorspronkelijke Openbaring gegeven werd in het Engels, vormt deze taal de basis voor alle vertalingen in de vele talen van de mensheid. Omdat er veel talen gesproken worden in onze wereld, zijn vertalingen van vitaal belang om de Nieuwe Boodschap overal naar de mensen te kunnen brengen. Studenten van de Nieuwe Boodschap hebben zich in de loop van de tijd vrijwillig beschikbaar gesteld als vertalers van de Boodschap in hun moedertaal.

Op dit moment in de geschiedenis kan de Society het zich niet veroorloven om te betalen voor vertalingen in zoveel talen, gezien ook de uitgebreidheid van de Boodschap, een Boodschap die de wereld hoogst dringend dient te bereiken. Daarnaast vindt de Society ook dat het voor onze vertalers van belang is dat zij student zijn van de Nieuwe Boodschap, waardoor ze, voor zover dat mogelijk is, de essentie van wat wordt vertaald leren begrijpen en ervaren.

Gezien de urgentie en noodzaak om de Nieuwe Boodschap met de hele wereld te delen, nodigen we mensen uit ons verder te helpen bij de vertalingen, zodat we de Nieuwe Boodschap verder kunnen verspreiden in de wereld. Zo kunnen we meer van de Openbaringen vertalen naar talen waarvan het vertaalproces al begonnen is, en kunnen we nieuwe talen introduceren. Mettertijd willen we ook de kwaliteit van deze vertalingen verbeteren. Er is nog zo veel te doen....

Boeken van de Nieuwe Boodschap van God

GOD HAS SPOKEN AGAIN (GOD HEEFT WEER GESPROKEN)

THE ONE GOD

THE NEW MESSENGER

THE GREATER COMMUNITY

GREATER COMMUNITY SPIRITUALITY (SPIRITUALITEIT UIT DE GROTERE GEMEENSCHAP)

STEPS TO KNOWLEDGE (STAPPEN NAAR KENNIS)

RELATIONSHIPS & HIGHER PURPOSE

LIVING THE WAY OF KNOWLEDGE

LIFE IN THE UNIVERSE

THE GREAT WAVES OF CHANGE (DE GROTE GOLVEN VAN VERANDERING)

WISDOM FROM THE GREATER COMMUNITY I & II (WIJSHEID UIT DE GROTERE GEMEENSCHAP I & II)

SECRETS OF HEAVEN

THE ALLIES OF HUMANITY BOOKS ONE, TWO & THREE (DE BONDGENOTEN VAN DE MENSHEID BOEK EEN)

www.ingramcontent.com/pod-product-compliance
Lightning Source LLC
Chambersburg PA
CBHW022019090426
42739CB00006BA/201